Methodische Bewertung der Integrität der geologischen Barriere für Endlager

Herausgegeben von der
Deutschen Gesellschaft für Geotechnik e.V.

Methodische Bewertung der Integrität der geologischen Barriere für Endlager

Empfehlungen des Arbeitskreises 3.8 „Geotechnik in der Endlagerung radioaktiver Abfälle"

Empfehlung Nr. 1
„Methodische Vorgehensweise zur Bewertung der Integrität der geologischen Barriere von Wirtsgesteinen für Endlager für Wärme entwickelnde radioaktive Abfälle"

Ernst & Sohn
A Wiley Brand

DGGT
Deutsche Gesellschaft für Geotechnik e. V.
German Geotechnical Society

Autor
AK 3.8, DGGT, Obmann Joachim Stahlmann

Titelbild
Mögliche Wirtsgesteine: Tongestein, Salzgestein, kristallines Hartgestein

Arbeitskreis 3.8
„Geotechnik in der Endlagerung radioaktiver Abfälle“
Empfehlung Nr. 1
„Methodische Vorgehensweise zur Bewertung der Integrität der geologischen Barriere von Wirtsgesteinen für Endlager für Wärme entwickelnde radioaktive Abfälle“

Bibliografische Information der Deutschen Nationalbibliothek
Die Deutsche Nationalbibliothek verzeichnet diese Publikation in der Deutschen Nationalbibliografie; detaillierte bibliografische Daten sind im Internet über http://dnb.d-nb.de abrufbar.

Bevollmächtigte des Herstellers gemäß EU-Produktsicherheitsverordnung ist die Wiley-VCH GmbH, Boschstr. 12, 69469 Weinheim, Deutschland, E-Mail: Product_Safety@wiley.com.

Print ISBN: 978-3-433-03473-6
ePDF ISBN: 978-3-433-61233-0
ePub ISBN: 978-3-433-61235-4
oBook ISBN: 978-3-433-61234-7

Satz: Newgen KnowledgeWorks (P) Ltd., Chennai, India
Druck und Bindung
CPI Group (UK) Ltd, Croydon, CR0 4YY

C9783433034736_120625

Mitglieder des Arbeitskreises AK 3.8

„GEOTECHNIK IN DER ENDLAGERUNG RADIOAKTIVER ABFÄLLE“

Zum Zeitpunkt der Herausgabe der Empfehlung Nr. 1 „Methodische Vorgehensweise zur Bewertung der Integrität der geologischen Barriere von Wirtsgesteinen für Endlager für Wärme entwickelnde radioaktive Abfälle“ setzte sich der Arbeitskreis wie folgt zusammen:

Mitglieder

Univ.-Prof. Dr.-Ing. Joachim Stahlmann, Braunschweig (Obmann)
Dr.-Ing. Oliver Czaikowski, Braunschweig
apl. Prof. Dr.-Ing. habil. Uwe Düsterloh, Clausthal
Dr.-Ing. Sandra Fahland (†), Hannover
Univ.-Prof. Dr. Thomas Nagel, Freiberg
Dr. Till Popp, Leipzig

Gäste

Dr. Werner Gräsle, Hannover
Dr.-Ing. Jürgen Hesser, Hannover
Wenting Liu, Hannover
Dr.-Ing. Jobst Maßmann, Hannover
Dr. Nina Müller-Hoeppe, Peine
Lukas Pollok, Hannover
Dr. Dorothea Reyer, Peine
Dr. Sandra Schumacher, Hannover
Dr. Markus Schwalt, Zürich
Tobias Stampehl, Peine
Dr. Jan Thiedau, Hannover
Dr.-Ing. Stefan Viola, Hannover
Svenja Wacker, M.Sc., Braunschweig

Inhaltsverzeichnis

Abbildungsverzeichnis

Tabellenverzeichnis

0 Zusammenfassung

Der Arbeitskreis 3.8 „Geotechnik in der Endlagerung radioaktiver Abfälle“ erarbeitet Empfehlungen zur Bearbeitung geotechnischer Fragestellungen bei der Endlagerung radioaktiver Abfälle in tiefen geologischen Formationen. Die vorliegende Empfehlung Nr. 1 beschreibt auf Basis des wissenschaftlich-technischen Kenntnisstandes die methodische Vorgehensweise zum Integritätsnachweis des Barrieregesteins für ein Endlager für hochradioaktive Abfälle, entsprechend den gesetzlichen Vorgaben des Standortauswahlgesetzes (StandAG) und der aktualisierten Verordnung über Sicherheitsanforderungen und vorläufige Sicherheitsuntersuchungen für die Endlagerung hochradioaktiver Abfälle des Bundesministeriums für Umwelt, Naturschutz und nukleare Sicherheit (EndlSiAnfV). Der Begriff „Integrität“ bedeutet das Vorliegen und den Erhalt der für den sicheren Einschluss der radioaktiven Abfälle relevanten Eigenschaften der geologischen Barrieren des Endlagersystems.

Wegen der unterschiedlichen geologischen Randbedingungen der potenziellen Barrieregesteine (vgl. Kap. 2) müssen bei der Nachweisführung die auf diese Eigenschaften jeweils zugeschnittenen, technischen Endlagerkonzepte inklusive eines Verfüll- und Verschlusskonzeptes berücksichtigt werden (vgl. Kap. 3). Ausgehend von den identifizierten thermisch-hydraulisch-mechanischen Einwirkungen sowie der darauf basierenden Szenarienanalyse (vgl. Kap. 4) werden allgemein gültige thermische, hydraulische und mechanische (THM-)Prüfkriterien definiert (vgl. Kap. 5). Da die drei Wirtsgesteinstypen sehr unterschiedliche THM-Eigenschaften aufweisen, erfordert der Integritätsnachweis eine den Anforderungen an die Nachweisführung entsprechend qualifizierte, jeweils gesteins- und gebirgsspezifische Datenbasis (vgl. Kap. 6). Diese stellt die Grundlage für das gebirgsmechanische Nachweis- und Prognosemodell und für die Entwicklung hierfür erforderlicher materialspezifisch geeigneter Stoffmodelle zur Untersuchung des Trag- und Dichtigkeitsverhaltens der anstehenden Formationen dar (vgl. Kap. 7). Die Bewertung von Integrität und Robustheit der geologischen Barriere für den Nachweiszeitraum von 1 Mio. Jahren erfolgt durch eine Gegenüberstellung der Untersuchungsergebnisse zum Trag- und Dichtigkeitsverhalten der geologischen Barriere mit den Prüfkriterien und ihren zugeordneten Grenzwerten (vgl. Kap. 8).

Die praktische Umsetzung des geotechnischen Integritätsnachweises wird an Beispielen aus Forschungsvorhaben für Salinarformationen (VSG, KOSINA) und Tonstein (ANSICHT) gezeigt (vgl. Anhang A).

Empehlung Nr. 1, Arbeitskreis 3.8 „Geotechnik in der Endlagerung radioaktiver Abfälle“.
Methodische Bewertung der Integrität der geologischen Barriere für Endlager. DGGT e.V. (Hrsg.)

1

Einführung

1.1 Vorbemerkung

Zur Endlagerung hochradioaktiver Abfälle in tiefen geologischen Formationen gibt es zurzeit keine langfristig sichere und ethisch vertretbare Alternative. In Deutschland ist bisher noch kein Standort bestimmt. Im „Gesetz zur Suche und Auswahl eines Standortes für ein Endlager für hochradioaktive Abfälle" StandAG ist festgelegt, dass bis 2031 in einem wissenschaftsbasierten und transparenten Verfahren ein Standort für eine Anlage zur Endlagerung der im Inland verursachten, insbesondere hochradioaktiven Abfälle (gemäß § 9a Absatz 3 Satz 1 des Atomgesetzes) in der Bundesrepublik Deutschland gefunden werden soll. Ziel ist es, den Standort für das Endlager in Deutschland auszuwählen, der die bestmögliche Sicherheit gegen einen Austrag von Radionukliden in die Biosphäre gewährleistet.

Der dauerhafte Schutz von Menschen und Umwelt vor ionisierender Strahlung und sonstigen schädlichen Wirkungen dieser Abfälle muss für einen Zeitraum von einer Million Jahren gewährleistet sein (§ 1 Absatz 2 StandAG). Voraussetzung dafür ist, dass die in den Abfällen enthaltenen radioaktiven und sonstigen Schadstoffe entsprechend lange von der Biosphäre ferngehalten werden. Um dies zu erreichen, wird ein an das jeweilige Wirtsgestein angepasstes Multibarrierensystem entwickelt. Prinzipiell handelt es sich dabei um technische Barrieren (Behälter), geotechnische Barrieren (Versatz in den Einlagerungsstrecken, Verschlussbauwerke in den Strecken, Schachtverschlüsse und Bohrlochverschlüsse) und geologische Barriere (Wirtsgestein und überlagerndes Barrieregestein). Von den nach § 1 Absatz 3 StandAG in Frage kommenden Wirtsgesteinen Steinsalz, Tongestein und Kristallingestein weisen die ersten beiden eine hydraulische und mechanische Barrierewirkung auf, das Kristallingestein im Wesentlichen nur eine mechanische.

Die hydraulische Barrierewirkung wird als entscheidendes Sicherheitsprinzip dadurch gewährleistet, dass die Schadstoffe im sogenannten einschlusswirksamen Gebirgsbereich (ewG) mit einem geeigneten Barrieregestein zurückgehalten werden (vgl. Kap. 3.1). Gemäß StandAG ist der einschlusswirksame Gebirgsbereich der Teil des Gebirges, der im Zusammenwirken mit den technischen und geotechnischen Barrieren den hydraulischen Einschluss der Abfälle sicherstellt.

Empehlung Nr. 1, Arbeitskreis 3.8 „Geotechnik in der Endlagerung radioaktiver Abfälle".
Methodische Bewertung der Integrität der geologischen Barriere für Endlager. DGGT e.V. (Hrsg.)

Daraus folgt als Anforderung für die Bewertung der Langzeitsicherheit eines potenziellen Endlagers gemäß § 5 Absatz 1 EndlSiAnfV zwingend: *„Im Fall des § 4 Absatz 3 Nummer 1*[1] *ist für die zu erwartenden Entwicklungen im Bewertungszeitraum die Integrität des einschlusswirksamen Gebirgsbereiches zu prüfen und darzustellen und seine Robustheit zu begründen."*

Der Begriff der Integrität beschreibt dabei das Vorliegen und den Erhalt der für den sicheren Einschluss der radioaktiven Abfälle relevanter Eigenschaften der Barrieren des Endlagersystems. Robustheit bezeichnet neben Zuverlässigkeit und Qualität die Unempfindlichkeit der Barrieren gegenüber inneren und äußeren Einflüssen und Störungen sowie gleichzeitig die Unempfindlichkeit der Ergebnisse der Sicherheitsanalyse gegenüber Abweichungen von den zugrunde gelegten Annahmen.

Im Mittelpunkt der Bewertung der Langzeitsicherheit steht folgerichtig die systematische Untersuchung des langfristig sicheren Einschlusses der endgelagerten Abfälle durch die Prüfung und Darstellung der Integrität des einschlusswirksamen Gebirgsbereichs als wesentliche geologische Barriere.

Für die Analyse des Verhaltens des Endlagersystems im Bewertungszeitraum sind hinreichend qualifizierte numerische Modellierungen auf Grundlage realitätsnaher Annahmen durchzuführen (gemäß EndlSiAnfV). Die Prüfung und Darstellung der Integrität und Robustheit des einschlusswirksamen Gebirgsbereichs als wesentliche Barriere erfordert daher eine auf geotechnischen Grundsätzen basierende Methodik auf dem Stand von Wissenschaft und Technik.

Zielstellung der vorliegenden Empfehlung ist die Darstellung von wirtsgesteinsspezifischen Randbedingungen und den entsprechenden Vorgehensweisen für die Prüfung und Darstellung der Integrität der Barrieregesteine.

Die Ergebnisse dieser geotechnischen Untersuchungen fließen in den Langzeitsicherheitsnachweis ein.[2]

1.2 Zweck / Anwendungsbereich

Die vorliegende Empfehlung dient dem Zweck, Hilfestellung bei der methodischen Vorgehensweise zur Bewertung der Integrität des einschlusswirksamen Gebirgsbereichs zu geben. Für ein Endlager für hochradioaktive Abfälle sind im Hinblick auf die Schadensvorsorge in regelmäßigen Abständen die Planungen und Nachweise für den aktuellen Stand von Wissenschaft und Technik zu führen. Dieser

---

[1] dort: *Die wesentlichen Barrieren zum Erreichen des sicheren Einschlusses der radioaktiven Abfälle sind 1. ein oder mehrere einschlusswirksame Gebirgsbereiche …*

[2] Im Rahmen der Langzeitsicherheitsanalyse eines Endlagers erfolgt komplementär zum geotechnischen Nachweis die Bewertung von Radionuklidfreisetzungen für diejenigen Entwicklungen des Endlagers, für die eine Beeinträchtigung der Integrität des Barrierensystems und damit eine Ausbildung eines durchgängigen Transportpfades nicht ausgeschlossen werden kann. In Abgrenzung zum geotechnischen Ansatz handelt es sich hierbei um den radiologischen Langzeitsicherheitsnachweis.

entwickelt sich ständig weiter. Es ist jedoch nicht zu erwarten, dass sich die methodische Vorgehensweise des geotechnischen Nachweises für die Integrität der geologischen Barriere in den nächsten Jahren grundlegend ändern wird, so dass die Gültigkeit der Empfehlungen keiner derzeit absehbaren zeitlichen Beschränkung unterliegt. Die zur Erläuterung verwendeten Beispiele und quantitativen Größen entsprechen dem derzeitigen Kenntnisstand. Die Anwendungsfälle und Beispiele dienen der Veranschaulichung.

Gemäß Vorbemerkung beschränkt sich der Anwendungsbereich der Empfehlung auf die Endlagerung wärmeentwickelnder hochradioaktiver Abfälle und konkretisiert weiter auf die geotechnische Nachweisführung der Integrität und Robustheit des Barrieregesteins. Biologische und chemische Prozesse, wie z. B. Sorption, sind nicht Bestandteil dieser Empfehlung.

Das Kristallingestein weist im Wesentlichen nur eine mechanische Barrierewirkung auf. Aufgrund seines hydraulisch wirksamen Trennflächeninventars und der dadurch bedingten vergleichsweise hohen Gebirgsdurchlässigkeit ist zu erwarten, dass ein einschlusswirksamer Gebirgsbereich nur in Ausnahmefällen bei ausreichender Mächtigkeit nicht durch Trennflächen zerlegter Gebirgsbereiche auszuweisen ist (vgl. Kap. 3.1).

Der Schwerpunkt dieser Empfehlung liegt daher auf der Prüfung und Darstellung der Integrität eines einschlusswirksamen Gebirgsbereichs im Salz- und Tongestein für ein Endlager hochradioaktiver Abfälle. Die entsprechende Vorgehensweise für ein Endlager im Kristallingestein wird auf Basis der derzeit in Deutschland vorliegenden Nachweiskonzepte nur skizziert.

1.3 Integritätsnachweis – regulativer Rahmen

Die formale Vorgehensweise zur Durchführung des Integritätsnachweises ist im StandAG beschrieben und wurde hinsichtlich der abzuprüfenden Indikatoren[3] (Kriterien) sowie der Vorgehensweise in der Endlagersicherheitsanforderungsverordnung (EndlSiAnfV) teilweise noch präzisiert. Mit deren Veröffentlichung und der zugehörigen EndlSiUntV im Herbst des Jahres 2020 wurden die Randbedingungen für die Bewertung von Endlagersystemen fortgeschrieben. Dabei ging es nicht nur um eine Anpassung des verwendeten Vokabulars (z. B. Verzicht auf den Begriff Nachweis bzw. Nachweiskonzept, Ersetzen des Begriffs Nachweiszeitraum durch Bewertungszeitraum und des Begriffs Szenario durch Entwicklung, sowie Einführung neuer Begriffe, wie der wesentlichen und weiteren Barrieren), sondern vor allem um neue oder geänderte Anforderungen, die es zu berücksichtigen gilt.

3 Zum Ausschluss einer begrifflichen Fehlinterpretation handelt es sich dabei nicht um die Indikatoren zu den geowissenschaftlichen Abwägungskriterien gemäß § 24 StandAG, sondern um Bewertungsgrößen zur Integrität des Barrieregesteins. Sie werden nachfolgend synonym als Kriterien bezeichnet.

Ausgehend von § 3 „Bewertungszeitraum; Entwicklungen des Endlagersystems“ Absatz 1 EndlSiAnfV beträgt der Bewertungszeitraum eine Million Jahre ab dem vorgesehenen Verschluss des Endlagers.

Dafür ist gemäß § 5 „Integrität und Robustheit des einschlusswirksamen Gebirgsbereichs als wesentlicher Barriere“ Absatz 2 EndlSiAnfV hinsichtlich der Integrität des einschlusswirksamen Gebirgsbereichs zu prüfen und darzustellen, dass:

1. *die Ausbildung von Fluidwegsamkeiten, die zum Eindringen oder Austreten von erheblichen Mengen an Flüssigkeiten oder Gasen führen können, innerhalb des einschlusswirksamen Gebirgsbereichs ausgeschlossen ist; dafür dürfen*
   a) *die Dilatanzfestigkeiten der Gesteinsformationen des einschlusswirksamen Gebirgsbereichs außerhalb der auffahrungsbedingten Auflockerungszonen auf Grund von zu erwartenden Beanspruchungen nicht überschritten werden und*
   b) *die zu erwartenden Fluiddrücke die Fluiddruckbelastbarkeiten der Gesteinsformationen des einschlusswirksamen Gebirgsbereichs nicht in einer Weise überschreiten, die zu einer erheblichen Zunahme von Fluidwegsamkeiten im einschlusswirksamen Gebirgsbereich führt,*
2. *durch die Temperaturentwicklung die Barrierewirkung des einschlusswirksamen Gebirgsbereichs nicht erheblich beeinträchtigt wird und*
3. *die möglichen Änderungen der chemischen Verhältnisse im Einlagerungsbereich, insbesondere auf Grund der in das Endlagerbergwerk eingebrachten Materialien, die Barrierewirkung des einschlusswirksamen Gebirgsbereichs nicht erheblich beeinträchtigen.*

Der Punkt 1 beschreibt Schädigungen, die zu sekundären Fluidwegsamkeiten führen können. Sekundäre Wegsamkeiten können in einem primär ungeschädigten Barrieregestein nur unter den in 1a) und 1b) konkretisierten Randbedingungen entstehen. Der Nachweis der Vermeidung sekundärer Wegsamkeiten erfolgt mit dem Dilatanzkriterium und dem Fluiddruckkriterium (vgl. Kap. 5.2.1 und Kap. 5.2.2).

Die unter Punkt 2 beschriebene Anforderung wird als Temperaturkriterium bezeichnet (vgl. Kap. 0).

Aus den v. g. Anforderungen an die Integrität und Robustheit des ewG folgt, dass die Nachweisführung zur modelltechnischen Überprüfung dieser Kriterien grundsätzlich die möglichen thermisch-hydraulisch-mechanischen Prozesse und deren Kopplung einbeziehen muss. Bei Ton- und Kristallingestein kann dies durch Veränderungen der Fluiddrücke implizit berücksichtigt werden, während im Salzgestein wegen vernachlässigbarer Porendruckeffekte im ungeschädigten Zustand eine thermisch-mechanische (TM)-Kopplung dann ausreichend ist, wenn zusitzende Fluide (Gase, Lösungen) als Einwirkungen nicht berücksichtigt werden müssen.

Punkt 3 beschreibt geochemische Einwirkungen (u. a. aufgrund von Gasbildung durch Korrosion von Behältern oder durch Änderung des chemischen Milieus durch Einbringen von technischen Baustoffen). Diese werden im Folgenden nur indirekt betrachtet, wenn sich dadurch die geomechanisch-geohydraulischen Randbedingungen (z. B. infolge einer Erhöhung des Porendrucks) verändern.

Darüber hinausgehend war laut Sicherheitsanforderungen BMU (2010) gemäß Kap. 8.3.1 noch explizit nachzuweisen, dass

- *ggf. im einschlusswirksamen Gebirgsbereich vorhandenes Porenwasser nicht am hydrogeologischen Kreislauf teilnimmt (kein Grundwasseraustausch zu oberflächennahen Grundwasservorkommen innerhalb des Nachweiszeitraums von 1 Millionen Jahre, wobei dieser Nachweis in der Regel über eine Alters- oder Herkunftsbestimmung des Porenwassers erfolgt).*
- *innerhalb des einschlusswirksamen Gebirgsbereichs kein advektiver Transport stattfindet oder dass innerhalb dieses Gebirgsbereichs die Ausbreitung von Schadstoffen durch advektive Transportprozesse allenfalls vergleichbar zur Ausbreitung durch diffusive Transportprozesse erfolgt.*

Dies entspricht der Anlage 1 zu § 24 Absatz 3 StandAG „Kriterium zur Bewertung des Transportes radioaktiver Stoffe durch Grundwasserbewegungen im einschlusswirksamen Gebirgsbereich“. Dort ist die Anforderung: *„Der Transport radioaktiver Stoffe durch Grundwasserbewegungen und Diffusion im einschlusswirksamen Gebirgsbereich soll so gering wie möglich sein.“*

Diese Anforderung kann somit Teil eines Nachweiskonzepts für die Barrierenintegrität eines Endlagers, insbesondere im Tongestein, sein. Sie wird im Folgenden unter dem Begriff „Advektionskriterium“ beschrieben (vgl. Kap. 5.2.4).

2

Geologische Rahmenbedingungen

2.1 Wirtsgestein / Gesteinsformationen / Teilgebiete

Für die Endlagerung werden gemäß § 1 Absatz 3 StandAG die Wirtsgesteine Steinsalz, Tongestein und Kristallingestein in Betracht gezogen. Für Steinsalz wird unterschieden zwischen:

- stratiformen Steinsalzformationen (flache Lagerung, inkl. Salzkissen)
- Salzformationen in steiler Lagerung (Salzdiapire).

Als weitergehende Präzisierung wird hier der Formationsbegriff im Sinne des § 21 Absatz 2 StandAG zur Beschreibung und Abgrenzung eines Gesteinsverbandes für eine kartierbare, nach lithologischen Merkmalen bestimmte Grundeinheit verwendet (BFE, 2018). Das bedeutet, dass für die Abgrenzung einer Formation als Wirtsgestein für ein potenzielles Endlager die Gesteinsausbildung und deren Veränderungen, nicht aber die zeitliche Einordnung der Schichten, maßgeblich sind. Eine umfassende Darstellung der standortspezifischen geologischen Rahmenbedingungen erfolgt im geologischen Modell, das in unterschiedlichem Detaillierungsgrad das Nah- und Fernfeld des Endlagers abbildet (vgl. Kap. 2.2). Es stellt eine wesentliche Grundlage für die Integritätsanalyse der geologischen Barriere bzw. den Aufbau des geotechnischen Modells dar (vgl. Kap. 7).

Eine Formation kann einen einheitlichen lithologischen Aufbau haben, oder sie kann neben den hauptsächlichen lithologischen Bestandteilen weitere lithologische Einschaltungen aufweisen. Dementsprechend kann eine Formation aus unterschiedlichen Gesteinen mit unterschiedlichen Eigenschaften bestehen und in Untereinheiten weiter untergliedert werden, was im geotechnischen Modell u. a. durch entsprechende Homogenbereiche berücksichtigt werden kann (vgl. Kap. 7.3.2).

2.1.1 Wirtsgestein Steinsalz

Das Wirtsgestein Steinsalz ist ein durch Verdunstung von Meerwasser oder Binnenwasser entstandenes Sedimentgestein (Evaporit). Es ist vorwiegend aus Salzmineralen – meist Chloride und Sulfate der Alkali- und Erdalkalimetalle – zusammengesetzt.

Empehlung Nr. 1, Arbeitskreis 3.8 „Geotechnik in der Endlagerung radioaktiver Abfälle".
Methodische Bewertung der Integrität der geologischen Barriere für Endlager. DGGT e.V. (Hrsg.)

Entsprechend ihrer Genese sind Salzformationen im Allgemeinen zyklisch aufgebaut, wobei ein vollständiger charakteristischer Zyklus aus einer Abfolge von Tonstein, Karbonat, Gips / Anhydrit, Steinsalz und Kalisalz besteht.

Innerhalb einer salinaren Abfolge (Zyklus) können einzelne Gesteinseinheiten aufgrund von Zyklusunterbrechungen unterschiedlich mächtig sein, fehlen oder sich wiederholen. Der im StandAG verwendete Begriff „Steinsalzformation" fokussiert auf die Steinsalzschichten innerhalb der salinaren Abfolge. Bei Salzformationen in steiler Lagerung sind die ursprünglich flach gelagerten und parallel angeordneten Steinsalzbereiche infolge ihrer vergleichsweisen geringen Dichten und durch die Auflast überlagernder Sedimente, häufig durch tektonische Impulse an „Schwächezonen", aufgestiegen.

Die räumliche Verteilung der salinaren Formationen konzentriert sich in Mitteleuropa auf Gebiete, die im Laufe ihrer geologischen Entwicklung eine Absenkung erfahren haben. In vielen Beckenstrukturen, wie z. B. im Norddeutschen Becken, kam es zur Sedimentation von mehreren 100 m bis über 1000 m mächtigen salinaren Schichtfolgen. Innerhalb der großen geologischen Becken- und Grabenstrukturen sind die Variationen in der Mächtigkeit und in der Zusammensetzung der salinaren Formationen zu einem großen Teil auf primäre Einflüsse (Sedimentation) zurückzuführen.

Aber auch sekundäre Prozesse können Salzgesteine in ihrer Mächtigkeit und Zusammensetzung verändern. Dazu zählen Ablaufungsprozesse, die in Abhängigkeit von den hydrogeologischen Bedingungen insbesondere die leicht löslichen Stein- und Kalisalze bis in Teufen von einigen 100 Metern erreichen können. Außerdem belegen die zahlreichen Salzstrukturen in Norddeutschland, dass die Salzgesteine eine außerordentlich große Verformbarkeit aufweisen. Salzstrukturen in Form von Salzkissen oder Salzdiapiren entwickelten sich insbesondere durch die Mobilisation der Steinsalzfolgen in den Ablagerungen des Rotliegenden, des Zechsteins, des Keupers und des Oberjuras.

Im Rahmen der Festlegung von Teilgebieten (gemäß § 13 StandAG) wurden im Wirtsgestein Steinsalz insgesamt 74 Teilgebiete mit einer Fläche von ca. 30 450 km^2 ausgewiesen. Davon befinden sich 60 Teilgebiete in steil stehenden Steinsalzformationen und 14 Teilgebiete in stratiformen, also flachen Steinsalzformationen (BGE, 2020).

Als Konsequenz ihrer lithologischen Heterogenität variiert das Verformungsverhalten von salinaren Gesteinen stark. Es reicht dabei von duktil und kriechfähig (Steinsalz) über spröde und kriechfähig (typisch für Carnallitit) bis zu spröde und nicht kriechfähig (wie Anhydritgestein). Anhydritgesteine reagieren auf Deformation mit Rissbildung bzw. Zerblockung und können im Zusammenspiel mit einer duktil deformierenden Steinsalzformation Boudinagen ausbilden. Steinsalz verfügt dagegen über gebirgsmechanisch sehr günstige rheologische Eigenschaften, wobei insbesondere der vorhandene geringe Feuchtigkeitsanteil (< 1 Gew.-% in steiler Lagerung) sowie akzessorische Mineralphasen (z. B. Anhydrit oder Toneinschaltungen) von Bedeutung sind.

2.1.2 Wirtsgestein Tongestein

Tongesteine variieren abhängig von ihrer Entstehungs- und Entwicklungsgeschichte von plastischem Ton mit Übergangsformen bis zum stark verfestigten und geklüfteten Tonstein. Entsprechend groß sind die Unterschiede in Mineralbestand, Verformungsverhalten, Temperaturempfindlichkeit und Bruchfestigkeit. Tonsteine sind diagenetisch verfestigte klastische Sedimente, die durch eine geringe mediane Korngröße von weniger als 0,002 mm (Tonfraktion) charakterisiert sind und vorwiegend aus einem Gemenge von verschiedenen Tonmineralen wie Kaolinit, Illit und Smektit bestehen (vgl. auch BFE, 2018). Insbesondere das Verhältnis der unterschiedlichen Tonminerale sowie der Anteil an anderen Mineralen (z. B. Quarz, Feldspat und Karbonat) aber auch organischem Material prägen die Eigenschaften der Tongesteine und damit die der geologischen Barriere wie z. B. die Durchlässigkeit und die Sorptionsfähigkeit. Zusätzlich zur Korngröße und der stofflichen Zusammensetzung bestimmt der Verfestigungs- bzw. Diagenesegrad die Eigenschaften der Tongesteine.

Tongesteine kommen in den verschiedensten stratigraphischen Einheiten in Deutschland vor. Tongesteinsformationen mit größerer Mächtigkeit sind bedingt durch ihre Ablagerungsgeschichte meist an marine oder limnisch bis brackische Sequenzen gebunden. Sowohl die Mächtigkeit, die flächenmäßige Verbreitung als auch die stoffliche Zusammensetzung dieser Ablagerungen variieren stark. In der „Regionalen Tonstudie" der BGR (Hoth et al., 2007) wurde die Verbreitung von potenziell geeigneten Tongesteinsformationen für die Endlagerung erstmals durch Anwendung der geowissenschaftlichen Ausschlusskriterien und Mindestanforderungen des Arbeitskreises dem Auswahlverfahren Endlagerstandorte (AkEnd, 2002) in Deutschland dargestellt. Die Untersuchungen zeigten, dass mächtige und relativ homogene Tongesteine, welche die Anforderungen an Wirts- und Barrieregesteine in Deutschland erfüllen können, insbesondere in Gesteinsformationen der Unterkreide sowie des Unter- und Mitteljuras vorkommen.

Im Rahmen der Festlegung von Teilgebieten (gemäß § 13 StandAG) wurden im Wirtsgestein Tongestein neun Teilgebiete mit einer Fläche von ca. 129 639 km² ausgewiesen, wobei auch Teilgebiete mit gering verfestigten tertiären Tongesteinen enthalten sind (BGE, 2020).

Aufgrund ihrer lithologischen Variabilität und von der Versenkungsgeschichte abhängigen, variierenden Konsolidierungsgrads können die geotechnischen Eigenschaften von Tongesteinen in einem weiten Bereich zwischen Festgesteinen (Fels) und Lockergesteinen (Boden) variieren (Gens, 2010). Allerdings ist die eindeutige geotechnische Charakterisierung nicht einfach, wie beispielsweise von der NAGRA (2002) für den Opalinuston gezeigt wurde. Dort erfolgte die geotechnische Benennung, Beschreibung und Klassifizierung in der Regel in Anlehnung an die DIN EN ISO 14689-1 („Benennung, Beschreibung und Klassifizierung von Fels").

2.1.3 Wirtsgestein Kristallingestein

Unter dem Begriff Kristallingestein werden im Kontext der Endlagerung in Deutschland hauptsächlich Magmatite oder höhergradige Metamorphite verstanden (z. B. BGE, 2020). Das sind dichte, massige Gesteine, die vollständig aus mikro- bis makrokristallinen Mineralen bestehen. Diese sind entweder aus Gesteinsschmelzen auskristallisiert (Magmatite) oder im Zuge einer Metamorphose durch erhöhte Druck- und Temperaturbedingungen rekristallisiert (Metamorphite). Auch Migmatite, also Gesteine, die im Zuge einer hochtemperierten Metamorphose teilweise aufgeschmolzen wurden, fallen unter diese Definition. Gleichzeitig werden niedrigmetamorphe Gesteine (wie z. B. Phyllite, Hornfelse und Schiefer) als ungeeignet für die Errichtung eines Endlagers für radioaktive Abfälle eingestuft.

Kristallingesteine sind in Deutschland z. B. im Schwarzwald, im Bereich der Mitteldeutschen Kristallinzone (Odenwald, Spessart, Ruhlaer Kristallin und Kyffhäusergebirge), im Harz, im Fichtelgebirge, im Erzgebirge und in der Oberlausitz an der Oberfläche aufgeschlossen.

Im Rahmen der Festlegung von Teilgebieten (gemäß § 13 StandAG) wurden im kristallinen Wirtsgestein insgesamt sieben Teilgebiete mit einer Fläche von 80 786 km^2 ermittelt (BGE, 2020).

Magmatische Gesteine (z. B. Granite) haben infolge des Aufstiegs der magmatischen Schmelzen meist eine ungeregelte und massive isotrope Struktur. Sie lassen sich daher geomechanisch einfach beschreiben und weisen hohe Festigkeiten auf. Die ungeregelte Struktur wirkt einer vorherrschenden Rissorientierung entgegen.

Metamorphe Gesteine hingegen weisen aufgrund ihrer Genese häufig eine geregelte und damit anisotrope Struktur auf (Paralleltextur, Bänderung etc.). Diese ist geomechanisch aufwändiger abzubilden und begünstigt die Ausbildung von vorherrschenden Rissorientierungen. Hochmetamorphe Gesteine weisen den magmatischen Gesteinen vergleichbar hohe Festigkeiten auf.

Kristalline Gebirge weisen aufgrund ihrer mineralogischen Zusammensetzung im Gegensatz zu Ton- oder Salzformationen eine hohe Steifigkeit auf und reagieren bei tektonischen oder anderen spannungsbedingten Verformungen wesentlich spröder. Deshalb sind Regionen mit Kristallingestein in der Regel durch ein vernetztes Kluftsystem in unterschiedlichen Skalen (mm- über m- bis 10er-m-Maßstab) charakterisiert. Die Klüftung ist i. d. R. ungleichmäßig, wobei die Persistenz und der Abstand der Klüfte bzw. Trennflächen von der Verformungsgeschichte des Gebirges abhängen. Diese Diskontinuitäten bestimmen die geomechanisch-geohydraulischen Eigenschaften und die Barrierewirkung deutlich stärker, als z. B. jene der Tongesteine. Daraus folgt, dass die Barrierewirkung des Kristallingesteins bei Vorhandensein von Klüften durch diese und nicht durch die Durchlässigkeit der Gesteinsmatrix bestimmt wird.

2.2 Geologisches Modell

Voraussetzung zur Entwicklung eines belastbaren geologischen Modells eines Endlagers ist, dass sämtliche relevante Grunddaten als Informationshintergrund verwendet werden. Hierzu gehören z. B. geologische Kartierungen und Aufnahmen von Aufschlüssen, wie Bohrungen und Auffahrungen unter Tage, geophysikalische Messungen, vorhandene Untersuchungen an Gesteinsproben im Labor sowie Karten- und Risswerke.

Alle Arten von Erkundungsdaten sind im geologisch-tektonischen (georeferenzierten) Modell zusammenzuführen, auszuwerten, integral zu interpretieren und darzustellen.

Im Modell werden die zu betrachtenden geologischen Baueinheiten mittels ihrer Grenzflächen, soweit diese bekannt sind, abgebildet sowie strukturelle Elemente, wie z. B. Störungen, Trennflächensysteme etc., dargestellt. Bei der Extrapolation der in den Aufschlusspunkten gewonnenen „harten" Daten in den Raum und dem Zusammenführen unterschiedlicher Informationen wird auch ein Grundverständnis für die zu modellierenden Einheiten entwickelt, welches die geologische Entwicklungsgeschichte des Standortes berücksichtigt. Generell ergibt sich bei der Extrapolation aber ein Interpretationsspielraum. Ungewissheiten sollten beachtet sowie dokumentiert werden und können nach Bedarf im 3D-Modell dargestellt werden. Im Ergebnis resultiert aus dem Prozess ein in sich schlüssiges und widerspruchsfreies 3D-Modell, in dem die geologischen Verhältnisse für jeden beliebigen Raumpunkt definiert sind.

Für eine anschließende Parametrisierung der modellierten Einheiten wird das Grenzflächenmodell in ein Volumenmodell überführt, dessen Detaillierungsgrad wirtsgesteinsspezifisch unterschiedlich sein kann. Beispielsweise können beim Kristallingestein Abstraktionen bzgl. eines Kluftnetzwerkes notwendig werden. Das Volumenmodell muss aber alle für die weiteren Nachweisschritte erforderlichen Informationen enthalten. Den ausgehaltenen Gesteinskörpern und den strukturellen/tektonischen Elementen lassen sich anschließend charakteristische Eigenschaften zuweisen. Somit liefern geologische Modelle die Berechnungsgrundlagen für geomechanisch-geohydraulische Prozessrechnungen. Darüber hinaus können die geologischen Modelle auch als „dreidimensionaler Wissensspeicher" Anwendung finden, der die relevanten Gesteinseigenschaften mit ihrem Raumbezug bereithält.

Im geologischen 3D-Modell lassen sich Schnitte in beliebiger Raumlage generieren, virtuelle Bohrungen erzeugen oder die Volumina einzelner lithologischer Einheiten, auch nach Verschneidung mit Grubenbauen, bestimmen. Aus geologischen Modellen werden geeignete Modelle für nachfolgende Simulationen wie Integritäts-, Strömungs- oder Standsicherheitsberechnungen erzeugt.

2.3 Anforderungen an das geologische Modell

(1) Das geologische Modell muss in formaler und technischer Hinsicht schlüssig sein.

Unter formaler Schlüssigkeit wird der plausible Zusammenhang zwischen den Erkundungsdaten und Untersuchungsbefunden, Berichts- und Publikationsinformationen einerseits und dem Modell andererseits verstanden.

Unter technischer Schlüssigkeit wird die Eindeutigkeit der digitalen Raumbeschreibung verstanden. Dies bedeutet, dass im Modellraum keine Überschneidungen (mehrfache Belegung von Parametern bzw. Schichteinheiten) oder Leerräume (undefinierte Bereiche) vorhanden sind.

Eventuelle Widersprüchlichkeiten in den Ausgangsdaten sind im Modell durch Interpretation der vorhandenen Informationen auszuräumen. Feststehende Ausgangsdaten, wie z. B. endgültige Schichtenverzeichnisse von Bohrungen, werden unverändert in Modelle übernommen. Beim Erkennen von offensichtlichen Fehlern oder Inkonsistenzen sind die erforderlichen Anpassungen vorzunehmen. Diese sind zu dokumentieren, um eventuelle Unterschiede zwischen Ausgangsdaten und Modelldaten nachvollziehbar zu halten.

(2) Das geologische Modell muss so einfach wie möglich, aber so detailliert wie notwendig sein.

Für numerische Modellierungen muss das geologisch-tektonische 3D-Modell häufig vereinfacht werden. Das betrifft zum einen Schichtzusammenfassungen und zum anderen das Vereinfachen von geologischen Strukturen (z. B. bei zu komplexem Faltenbau oder Störungsmustern). Werden aus einem 3D-Modell 2D-Daten (vertikale oder horizontale Schnitte) entnommen, muss sichergestellt sein, dass diese für den modellierten Bereich repräsentativ sind.

Die vorliegenden Informationen werden üblicherweise aus Untersuchungen in unterschiedlichen Skalen (Laborversuch, Technikumsversuch, In-situ-Versuch etc.) gewonnen. Bei der Übertragung der Informationen von einer Skala in eine andere, wie z. B. von einem Laborversuch in die In-situ-Situation, sind begründete Anpassungen vorzunehmen, die mit teils erheblichen Ungewissheiten verbunden sein können.

So können u. U. Detailinformationen in Grunddaten im geologischen Modell zusammengefasst sein oder das Modell kann, soweit es für die Integritätsanalyse erforderlich ist, in Teilbereichen detaillierter ausgestaltet sein. Die verwendete Modellierungssoftware muss die Möglichkeit einräumen, die verwendeten Ausgangsdaten wiederzugeben und bearbeiten zu können.

Der Umgang mit Vereinfachungen im geologischen Modell erfordert demzufolge immer eine Auseinandersetzung mit der Frage nach der Realitätsnähe der Vereinfachungen des geologisch-tektonischen 3D-Modells, bezogen auf die Fragestellung, die mit Hilfe des für die folgende Nachweisführung verwendeten Ingenieurmodells gelöst werden soll. Hierzu ist eine möglichst frühzeitige und aufgabenbezogene Abstimmung zwischen dem Bedarfsträger (Durchführender

der Integritätsanalyse) und dem Ersteller des geologischen Modells erforderlich. Vereinfachungen bzw. Zusammenfassungen von Strukturen oder Schichteinheiten sind plausibel und nachvollziehbar in einem erläuternden Text zum geologischen Modell zu begründen.

(3) Ungewissheiten müssen dokumentiert werden.

Ungewissheiten, die bei der Prüfung von Ausgangsdaten und der Festlegung von Annahmen zu Struktur und Genese des zu modellierenden Gebirgsbereichs erkannt werden, müssen dokumentiert werden. Der Umgang mit diesen Ungewissheiten oder unzureichenden Kenntnissen, wie z. B. der Ansatz konservativer Annahmen, bestmögliche Schätzung, Analogieschlüsse oder alternative Modelle, muss begründet und für den jeweiligen Verwendungszweck der geologischen Modelle auf seine Eignung und Umsetzbarkeit geprüft und ausgerichtet sein.

3

Einschluss- und Endlagerkonzepte

3.1 ewG-Konzept / Sicherer Einschluss

Grundlage für den Langzeitsicherheitsnachweis ist das Konzept des einschlusswirksamen Gebirgsbereichs, wie es ursprünglich durch den AkEnd (2002) entwickelt wurde (vgl. Kap. 1.3). Der ewG wird um den Ort der Einlagerung der radioaktiven Abfälle bzw. zwischen den Abfällen und der Biosphäre ausgewiesen (siehe Abb. 3.1).

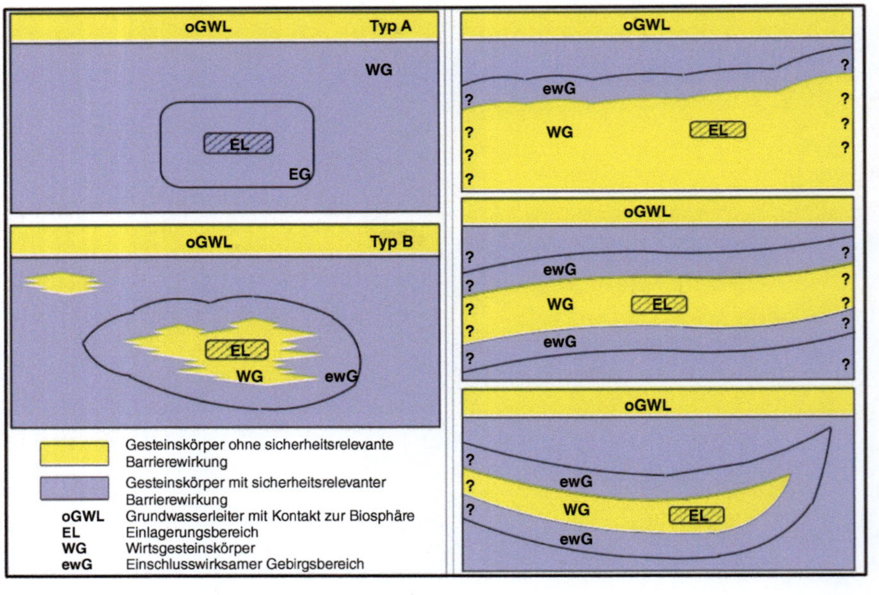

Abb. 3.1 Haupttypen der Konfigurationen zwischen Wirtsgestein und einschlusswirksamem Gebirgsbereich: (links) Typ A: Wirtsgestein ist sicherheitsrelevanter Bestandteil des einschlusswirksamen Gebirgsbereichs; Typ B: Wirtsgestein ist kein sicherheitsrelevanter Bestandteil des einschlusswirksamen Gebirgsbereichs (die Darstellung entspricht Typ Ba); (rechts) Konfigurationstyp Bb: Geologische Strukturen mit unterschiedlichem Grad der Umschließung des Wirtsgesteinskörpers durch den einschlusswirksamen Gebirgsbereich (schematisch, ohne Maßstab), „?“ bedeutet weitere Ausdehnung unbekannt (aus AkEnd, 2002).

Empehlung Nr. 1, Arbeitskreis 3.8 „Geotechnik in der Endlagerung radioaktiver Abfälle“. *Methodische Bewertung der Integrität der geologischen Barriere für Endlager.* DGGT e.V. (Hrsg.)

Innerhalb eines Endlager-Systems, das die geologische Barriere, die eine Ausbreitung von Radionukliden be- oder verhindert, beinhaltet, stellt der ewG den Bereich der Geosphäre dar, der die Isolation der radioaktiven Abfälle von der Biosphäre gewährleistet. Dies trifft auf die Barrieregesteine Steinsalz und Tongestein zu, in der Regel aber nicht auf Kristallingestein.

Zur Wiederherstellung der durch die auffahrungsbedingten technischen Eingriffe reduzierten Funktionalität des einschlusswirksamen Gebirgsbereichs sind geotechnische Barrieren (Schacht-, Strecken- und Bohrungsverschlüsse, Versatzmaterial) vorgesehen. Der entsprechend dem jeweiligen Einlagerungskonzept verwendete Abfallbehälter hat beim ewG-Konzept eine zeitlich begrenzte Funktion als technische Barriere, auf der aber der Nachweis der Langzeitsicherheit nicht beruhen soll.

Der AkEnd hat in seinen Ausführungen die in Abb. 3.1 dargestellten Gesteinskonfigurationen als kompatibel mit dem Konzept eines ewG beschrieben.

Das ewG-Konzept ist wie ausgeführt für Steinsalz und Tongestein umsetzbar. Darüber hinaus kann es aber auch für Endlager im Kristallingestein verwendet werden, wenn ausreichend mächtige, nicht durch Trennflächen zerlegte Gebirgsbereiche vorhanden sind. Im Kristallingestein ist die Ausweisung mehrerer, räumlich voneinander unterscheidbarer einschlusswirksamer Gebirgsbereiche möglich, in denen jeweils ein Teil der radioaktiven Abfälle langzeitsicher endgelagert werden kann (vgl. § 23 Absatz 5 Nummer 2 StandAG).

3.2 Mindestanforderungen Barrieregestein

Ausgehend von den sicherheitstechnischen Grundgedanken – (1) Einschluss der Abfälle im ewG und (2) Mindestfunktion der geologischen und geotechnischen Barrieren über den Nachweiszeitraum (Integrität sowie Wartungsfreiheit) – ergeben sich für Endlagersysteme, in denen hauptsächlich die geologische Barriere diese Funktionen gewährleisten soll, Mindestanforderungen für die Gesteins- und Gebirgseigenschaften und räumliche Parameter. In Kapitel 3 „Kriterien und Anforderungen für die Standortauswahl" § 23 Absatz 5 StandAG sind die Anforderungen zur Gebirgsdurchlässigkeit[4], Mindestmächtigkeit, minimale Teufenlage

---

[4] Hinweis: Zur Quantifizierung der Durchlässigkeit von Gesteinen wird in der Literatur häufig entweder der Durchlässigkeitsbeiwert (k_f-Wert) oder die Permeabilität k verwendet, die sich allerdings in ihrer Definition und Aussagefähigkeit unterscheiden.

In der hydrogeologischen Praxis wird als Wasserdurchlässigkeit von Gesteinen allgemein der k_f-Wert (m/s) angegeben. Dieser ist der Quotient aus der durchfließenden Wassermenge Q (m^3/s) dem Produkt aus Gefälle ($J = h/L$; Druckgradient / Fließwegslänge) und der durchströmten Fläche A (m^2). Er ist abhängig von den Eigenschaften des Gesteins <u>und</u> des Grundwassers (z. B. Salinität).

Im Gegensatz dazu ist die intrinsische Permeabilität k (m^2) ein Gesteinsparameter und somit unabhängig von dem Medium (Fluid), welches das Material durchströmt. Sie leitet sich aus der allgemeinen Darcy-Gleichung (unter Annahme ihrer Gültigkeit) ab, wobei inkompressible (flüssige) und kompressible (gasförmige) Medien in ihren Eigenschaften berücksichtigt werden. Letztlich ist damit die Permeabilität der entscheidende Parameter für den Vergleich von hydraulischen Gesteinseigenschaften.

(300 m unter Geländeoberfläche) und eine ausreichende Fläche für die Anlage des Endlagers sowie der Erhalt der Barrierewirkung festgelegt. Beispielsweise muss der Gebirgsbereich, der den einschlusswirksamen Gebirgsbereich aufnehmen soll, mindestens 100 m mächtig sein.

Gleichzeitig muss beim Ansatz eines einschlusswirksamen Gebirgsbereichs dieser eine Gebirgsdurchlässigkeit k_f von weniger als 10^{-10} ms^{-1} aufweisen. Kann in einem Kristallingestein kein einschlusswirksamer Gebirgsbereich ausgewiesen werden, so ist die Einhaltung der Schutzziele durch die technischen und geotechnischen Barrieren zu gewährleisten.

3.3 Endlagerkonzepte

3.3.1 Grundgedanken

Laut Standortauswahlgesetz werden Endlagersysteme zur Lagerung von radioaktiven Abfällen in tiefen geologischen Formationen betrachtet. Dort wird ein Endlagersystem gemäß § 2 Nr.11 StandAG definiert als

> *„das den sicheren Einschluss der radioaktiven Abfälle durch das Zusammenwirken der verschiedenen Komponenten bewirkende System, das aus dem Endlagerbergwerk, den Barrieren und den das Endlagerbergwerk und die Barrieren umgebenden oder überlagernden geologischen Schichten bis zur Erdoberfläche besteht, soweit sie zur Sicherheit des Endlagers beitragen“.*

Gleichzeitig ist das Endlager so zu errichten und zu betreiben, dass für den zuverlässigen, langfristigen Einschluss der radioaktiven Abfälle in der Nachverschlussphase keine Eingriffe oder Wartungsarbeiten erforderlich werden.

Für den Entwurf eines Endlagerkonzeptes werden grundsätzlich drei Kategorien von Information benötigt:

- eine Beschreibung der geologischen Gesamtsituation am betrachteten Standort, in der das Endlager errichtet werden soll, inkl. der geologischen Barriere (vgl. Kap. 2.2),
- eine umfassende Datenlage zum Abfallinventar (Masse, thermische Leistung, Nuklidspektrum etc.), das eingelagert werden soll und
- eine konkrete Vorstellung, wie die Sicherheit beim Betrieb und nach Verschluss des Endlagers gewährleistet und nachgewiesen werden soll, d. h. das sogenannte Sicherheitskonzept sowie die erforderlichen Nachweiskonzepte (siehe Mönig et al., 2012).

Mit dem Beschluss der Bundesregierung von 2011, die Produktion von elektrischer Energie durch Kernkraftwerke bis Ende 2022 zu beenden, ist die Abschätzung des endzulagernden Inventars wärmeentwickelnder radioaktiver Abfälle relativ präzise möglich. In den Tabelle 3.1 bis Tabelle 3.3 sind die zu betrachtenden Abfallarten und Abfallvolumen dargestellt. Davon ausgehend kann die Wärmeleistung abfall- und endlagerkonzeptspezifisch für einen definierten Zeitpunkt berechnet werden (Lerch, 2011).

Nachfolgend werden die für Salz- und Tongesteinsformationen in Deutschland bisher im Rahmen von anwendungsorientierten Forschungsarbeiten entwickelten Endlagerkonzepte zusammenfassend beschrieben. Für kristalline Formationen gibt es das sogenannte skandinavische Endlagerkonzept, das in Schweden und Finnland bereits zur Genehmigungsreife entwickelt worden ist. Es lässt sich allerdings wegen der dort kürzeren Nachweiszeiträume (100 000 Jahre) nicht unmittelbar auf die deutschen Verhältnisse übertragen. Deshalb werden nachfolgend nur die im Vorhaben CHRISTA (Jobmann et al., 2016) veröffentlichten unterschiedlichen Ansätze für ein Endlager im Kristallingestein kurz zusammengefasst.

Tab. 3.1 Anzahl der für die direkte Endlagerung zu berücksichtigenden bestrahlten Brennelemente (VSG) (Pfeifer et al., 2011).

	Brennelementtyp	
Anlage	**UO_2**	**MOX**
SWR	14 350	1250
DWR	12 450	1530
WWER	5050	–

SWR = Siedewasserreaktor, DWR = Druckwasserreaktor, WWER = Druckwasserreaktor russischer Bauart (KGR: Greifswald, KKR: Rheinsberg).

Tab. 3.2 Mengengerüste der Abfälle aus der Wiederaufarbeitung (Anzahl der Kokillen – verschiedene Typen, je nach Inhalt siehe Pfeifer et al., 2011) (VSG).

Abfallart	**Anzahl**
CSD-V	3735
CSD-B	308
CSD-C	4104

Tab. 3.3 Mengengerüste der Abfälle aus Forschungs- und Prototypreaktoren (VSG).

Anlage[a)]	Abfallart	Behälter	Brutto-Volumen [m³]
AVR	288 161 BE-Kugeln	152 CASTOR®-THTR/AVR	656
THTR 300	617 606 BE-Kugeln	305 CASTOR-THTR/AVR	1312
KNK II + Otto Hahn	2484 KNK-II-Brennstäbe + 52 Otto-Hahn-Brennstäbe	4 CASTOR-KNK	15,4
FRM II	ca. 120–150 MTR-BE	30 CASTOR-MTR	75
BER II[b)]	ca. 120 BE (12 pro Jahr)	20 CASTOR-MTR	50

a) Die im Vorhaben VSG für die Endlagerung berücksichtigten Abfälle umfassten auch die Brennelemente bzw. Brennstäbe aus den Unterrichtsreaktoren und Forschungsreaktoren: FRM II (Forschungsneutronenquelle Garching), FRMZ (Forschungsreaktor Mainz) und BER II (Berliner Experimentierreaktor II) sowie den Prototypreaktoren AVR (Arbeitsgemeinschaft Versuchsrektor Jülich), THTR 300 (Thorium-Hochtemperaturreaktor Hamm-Uentrop), KNK II (Kompakte Natriumgekühlte Kernreaktoranlage Karlsruhe) und dem nuklear angetriebenen Forschungsschiff Otto Hahn (NS Otto Hahn).

b) Ohne Vertragsverlängerung.

3.3.2 Endlagerkonzepte für Steinsalz

Entsprechend den vorkommenden Lagerungsformen – steil stehende Salzformationen (Salzdiapire) und stratiforme Salzformationen (flach lagernde Salze und Salzkissen) – wurden für beide Arten von Salzvorkommen Endlagerkonzepte erarbeitet.

Vorliegende Sicherheitsanalysen (VSG – Salzdiapir, KOSINA – stratiforme Salzformationen) zeigen, dass die wesentlichen Barriereeigenschaften von Steinsalz einerseits in seiner im unverritzten Zustand fehlenden Permeabilität und der vernachlässigbaren Diffusionskoeffizienten (im Feststoff bzw. aufgrund der vernachlässigbaren Lösungsgehalte) sowie andererseits in der viskosen Plastizität (Kriechvermögen) begründet sind. Bei einer Endlagerung von radioaktiven Abfällen in Steinsalz werden die Abfallbehälter aufgrund der kriechbedingten Konvergenz[5] der um die Behälter verbliebenen Hohlräume mit der Zeit vollständig von der geologischen Barriere umschlossen. Die Geschwindigkeit des Konvergenzprozesses hängt von verschiedenen Faktoren ab (z. B. Teufe und Gebirgsdruck, Temperatur, Kriechvermögen, Heterogenität des umgebenden Gebirges etc.). Aufgrund der komplexen Randbedingungen können die Zeiträume bis zum Ende des Konvergenzprozesses sehr unterschiedlich sein. Nach vorliegenden bergbaulichen Erfahrungen können Konvergenzprozesse in

5 Konvergenz beschreibt die zeitliche Volumenänderung (Schließung) von untertägigen Hohlräumen.

kurzen Zeiträumen, z. B. für Strecken in einigen Jahrzehnten bis zu einigen Jahrhunderten, abgeschlossen sein oder aber unter ungünstigen Randbedingungen (z. B. große Abbaukammern in geringer Teufe von wenigen 100er-Metern oder bei massigem Hauptanhydrit im Hangenden) über sehr große Zeiträume (mehrere Jahrtausende) andauern. Deshalb ist im Rahmen einer vergleichenden Standortanalyse immer eine modelltechnische Prognose unter Berücksichtigung der standortspezifischen Kriecheigenschaften und der in-situ anstehenden geologischen Verhältnisse erforderlich.

Die Hohlraumkonvergenz hat in sicherheitsanalytischer Hinsicht folgende Auswirkungen:

- Die Hohlräume verschließen sich im Laufe der Zeit vollständig. Wird bei diesem Vorgang die Dilatanzfestigkeit nicht überschritten, verläuft dieser Vorgang schädigungsfrei.
- Bei Überschreitung der Dilatanzfestigkeit entwickeln sich Schädigungsbereiche mit einem Mikrorissinventar, die sogenannten Auflockerungszonen, in das Gebirge hinein. Dies führt zunächst zu einer Reduktion der Integrität der geologischen Barriere im Nahbereich der Strecken. Mit dem Aufkriechen des Gebirges auf den Versatz der Strecke bzw. das Verschlussbauwerk schließen sich die Mikrorisse, die Auflockerungszone entwickelt sich zurück. Ob es sich hierbei ausschließlich um ein Schließen der Mikrorisse oder um eine Verheilung handelt, ist noch forschungsrelevant.
- Der Verschluss der Einlagerungshohlräume und deren Konvergenz führen zum vollständigen Einschluss der Abfallbehälter.

Systembedingt wird die geologische Barriere bzw. der einschlusswirksame Gebirgsbereich durch die infrastrukturell erforderlichen Zugänge zum Endlager, d. h. durch Schächte und Strecken, in ihrer Integrität verletzt. Diese Zugänge sind daher so zu verschließen, dass die Anforderungen an die integrale Integrität des einschlusswirksamen Gebirgsbereichs durch das System aus der geologischen Barriere und den geotechnischen Barrieren wiederhergestellt werden. Diese Thematik ist nicht Gegenstand dieser Empfehlung. Entsprechende Hinweise können dem Kompendium zum Stand von Wissenschaft und Technik bei der Planung und Ausführung geotechnischer Barrieren für Untertagedeponien im Salinargebirge (AKS, 2021) entnommen werden.

Grundsätzlich sind die jeweils gültigen Sicherheitsanforderungen des BMU für die Endlagerplanung anzusetzen. Diese fordern u. a., dass eine Rückholung in der Endlagerbetriebszeit sowie eine Bergung für 500 Jahre nach dem Verschluss zu gewährleisten ist. Dieser Anforderung genügen die beiden nachfolgend dargestellten beispielhaften Endlagerkonzepte aus der Vorläufigen Sicherheitsanalyse für den Standort Gorleben (VSG) (Fischer-Appelt et al., 2013). Dabei handelt es sich zum einen um die Endlagerung von selbstabschirmenden POLLUX®-Behältern, die auf der Sohle von

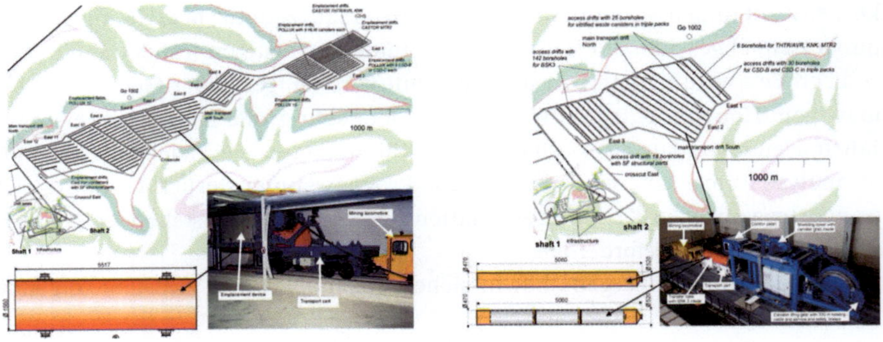

Abb. 3.2 In die geologische Struktur des Salzstockes Gorleben eingepasste Endlagerbergwerksplanungen (links: Streckenlagerung von POLLUX-Behältern, rechts: Bohrlochlagerung von Brennstabkokillen).

Einlagerungsstrecken abgelegt werden und zum anderen um die Einlagerung von unabgeschirmten sogenannten Brennstabkokillen in bis zu 300 m tiefen, vertikalen Bohrlöchern.

3.3.2.1 Endlager in steil stehenden Salzformationen

Für Endlager in Salzdiapiren wurden in den letzten Jahren Konzepte zur Auslegung eines möglichen Endlagerbergwerks entwickelt. Sie beinhalten im Wesentlichen Einlagerungsfelder für die Streckenlagerung und die Bohrlochlagerung sowie die Infrastrukturräume und die Zugänge über Schächte oder Rampen. Der aktuellste Planungsstand liegt mit der VSG vor und enthält viele Aspekte, die an andere Standorte adaptiert werden können. Aus diesem Grund wird er im Folgenden kurz beschrieben.

Die Endlagerplanung beruht auf dem Sicherheitskonzept des sicheren Einschlusses der Endlagergebinde durch das Salzgestein im einschlusswirksamen Gebirgsbereich. In Abbildung 3.2 sind zwei Endlagerbergwerksplanungen dargestellt, in die die durch Erkundung bekannte und ansonsten prognostizierte Geologie des Salzstockes Gorleben eingezeichnet ist. Das Bergwerk, das über zwei Schächte (der einziehende Wetterschacht dient gleichzeitig zum Transport von Menschen und Material, der ausziehende Wetterschacht zum Gebindetransport nach unter Tage) erschlossen und betrieben wird, ist in einer Teufe von 870 m angelegt. Die Strecken im Grubengebäude werden gebirgsschonend mit Teilschnittmaschinen aufgefahren, wobei die Ausrichtung des Grubengebäudes der geologischen Struktur bzw. dem einschlusswirksamen Gebirgsbereich folgt.

Die Sicherheitsabstände zu temperaturempfindlichen Schichten (z. B. Kalisalz mit Carnallit) oder Gesteinseinheiten mit potenziellen Lösungs- oder Gasvorkommen (z. B. Anhydritgestein) werden bei der Streckenführung ebenso beachtet wie die zulässigen Längen von sogenannten Blindstrecken (max. 250 m), in die die Endlagergebinde transportiert und eingelagert werden. Mehrere parallele Einlagerungsstrecken ergeben Einlagerungsfelder, die über Querschläge mit den Richtstrecken am äußeren Rand des Grubengebäudes verbunden sind. Für die Einlagerung der Endlagergebinde werden für jede Art der radioaktiven Abfälle getrennte Felder vorgesehen.

Die Planung sieht vor, dass die Befüllung der Felder mit Gebinden beginnend vom entferntesten Punkt des Bergwerkes in Richtung Schacht erfolgt; zunächst die Abfälle mit der geringsten Wärmeleistung aus den Versuchs- und Prototyp-Kernkraftwerken und Forschungsreaktoren und zum Schluss die Gebinde mit ausgedienten Brennelementen aus den Leistungsreaktoren. Die Abstände der Behälter sowie der Strecken werden unter Berücksichtigung der Auslegungstemperatur anhand von thermischen Auslegungsberechnungen ermittelt. Für die VSG galt für Salz eine maximale Temperatur von 200 °C an der Behälteroberfläche. Nach § 27 StandAG wurden aufgrund von noch ausstehenden Forschungsarbeiten und aus Vorsorgegründen zunächst 100 °C festgelegt (vgl. Kap. 0). Abhängig von der Maximaltemperatur und dem jeweiligen Endlagerkonzept ergibt sich ein spezifischer Flächenbedarf für das aufzufahrende Endlager (Mönig et al., 2020).

Nach der Einlagerung werden die Einlagerungsstrecken mit Salzgrus, dessen Zusammensetzung der geologischen Umgebung entspricht, verfüllt. Eine analoge Vorgehensweise wird schlussendlich auch für die Zugangsstrecken zu den Schächten gewählt. In den Zugangstrecken sind Streckenverschlüsse und in den Schächten Verfüllungen und Abdichtungen vorgesehen.

3.3.2.2 Endlager in flach lagernden Salzformationen

Für flach lagernde Salzformationen wurden im Rahmen des FuE-Vorhabens KOSINA (Bollingerfehr et al., 2018) für das BMWi technische Endlagerkonzepte entwickelt.

Die methodische Vorgehensweise zur Konzeptfindung erfolgte analog zu der in der VSG beschriebenen Weise. Die geologische Gesamtsituation wurde in einem 3D-Modell abgebildet, das eine tatsächlich in Deutschland vorkommende Geologie darstellt (siehe Abb. 3.3). Das Konzept des Endlagerbergwerkes wurde im Modell in einer Teufe von 700 m zentral in die rund 100 m mächtige Salzformation hineinprojiziert.

Aufgrund der gleichmäßigen räumlichen Verteilung des flach lagernden Steinsalzes konnte das Grubengebäude, das ebenfalls anhand von thermischen Berechnungen (max. 200 °C) dimensioniert wurde, vereinfacht in rechteckiger Form eingezeichnet werden.

Neben der Streckenlagerung von POLLUX-Behältern und der Bohrlochlagerung von Brennstabkokillen in vertikalen Bohrlöchern (hier max. 50 m Bohrlochlänge) wurde auch ein Konzept zur Einlagerung von Brennstabkokillen in horizontalen

Abb. 3.3 In die geologische Struktur (3D-Modell) einer flach lagernden Salzformation eingepasstes Endlagerbergwerk (links); Querschnitt einer horizontalen Bohrlochverrohrung mit eingebauten Panzerrollen (rechts) (nach Bollingerfehr et al., 2018).

Bohrlöchern entworfen. Dazu werden horizontale Bohrungen mit entsprechenden Linern ausgestattet, in die sogenannte Panzerrollen vorinstalliert werden, die dazu dienen, sowohl das Einschieben der Brennstabkokillen zu vereinfachen als auch deren Rückholung während der Betriebszeit zu gewährleisten. Das Verfüll- und Verschlusskonzept entspricht im Wesentlichen dem des vorgenannten in der VSG, jedoch sind die Besonderheiten der geologischen Struktur bei der Positionierung von Schachtverschlüssen zu beachten.

3.3.3 Endlagerkonzepte für Tongestein

Die Entwicklung von Konzepten zur Endlagerung wärmeentwickelnder radioaktiver Abfälle in Tongesteinsformationen in Deutschland wurde vor etwa 20 Jahren im Rahmen von Forschungsarbeiten des BMWi begonnen. Darüber hinaus gibt es in der Schweiz und in Frankreich fortgeschrittene technische Konzepte.

Bei den Sicherheitsbewertungen für Endlager in Tongesteinen begünstigen folgende Eigenschaften die Langzeitsicherheit:

- die geringe hydraulische Durchlässigkeit und die niedrigen Diffusionskoeffizienten,
- die Wasserunlöslichkeit der Tonminerale,
- die Quellfähigkeit, die zur Schließung möglicher Risse führen kann sowie
- die hohe Rückhaltewirkung (Absorptionsfähigkeit) für radioaktive Nuklide.

Zur konkreten Planung eines Endlagers in Tongestein in Deutschland gibt es bisher nur wenige Ausarbeitungen. Aufbauend auf zunächst grundlegenden Überlegungen wurde 2008 der Abschlussbericht zum FuE-Vorhaben ERATO (DBE-TEC, 2010), Pöhler et al., 2010) veröffentlicht, in dem erstmals ein vollständiges technisches Endlagerkonzept einschließlich einer groben Machbarkeitsüberprüfung beschrieben

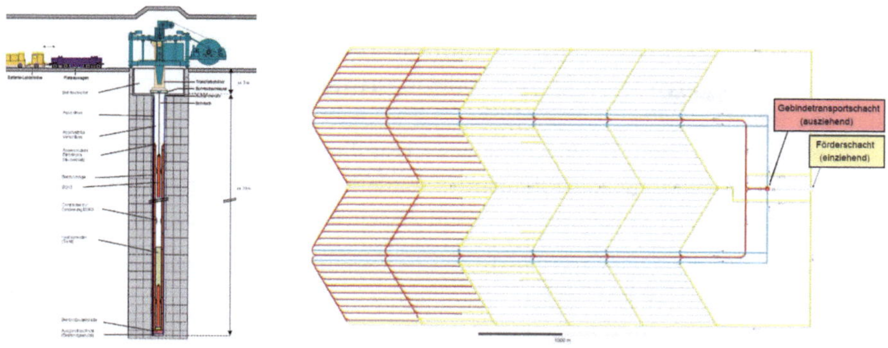

Abb. 3.4 Einlagerungskonzept (links) und gesamtes Grubengebäude (rechts) für das Endlagerkonzept der Bohrlochlagerung von Brennstabkokillen in einer Tongesteinsformation gemäß ERATO (aus Pöhler et al., 2010).

wurde. Die Abbildung 3.4 zeigt zum einen das technische Einlagerungskonzept und zum anderen die Auslegung des gesamten Grubengebäudes, das u. a. auf Grundlage thermischer Auslegungsberechnungen konzipiert wurde. In dem nachfolgenden FuE-Vorhaben ANSICHT (Jobmann et al., 2017) wurde ein entsprechendes Sicherheits- und Nachweiskonzept erarbeitet.

Im ERATO-Vorhaben (Pöhler et al., 2010) ist, nach einem Vergleich zur Streckenlagerung von POLLUX-Behältern, die Einlagerung von Brennstabkokillen in ca. 50 m langen vertikalen Bohrlöchern vorgesehen. Diese sollen mit Bentonitringen ausgekleidet sein und einem geologischen Modell entsprechend in einer 200 m mächtigen Schicht (im Mittleren Apt – Hedbergellen-Mergel) in 350–500 m Tiefe niedergebracht werden. Bohrlöcher, Strecken und Schächte sollen verfüllt und verschlossen werden. Eine Verrohrung der Bohrungen mit Blick auf eine mögliche Rückholung wurde hier noch nicht berücksichtigt, weil zu dem Zeitpunkt noch keine entsprechenden Sicherheitsanforderungen formuliert waren.

In Tongestein ist ein Streckenausbau zwingend notwendig, um die Stand- und Arbeitssicherheit während der Betriebsphase zu gewährleisten. Dieser Ausbau sowie später eingebrachte Streckenverschlüsse dürfen eine mögliche und sichere Rückholbarkeit nicht gefährden. Hierbei sind auch die geochemischen Prozesse zu berücksichtigen, z. B. Änderungen im pH-Wert durch Porenlösungen von zementbasierten Ausbauelementen.

3.3.4 Endlagerkonzepte für Kristallingestein

In Kristallingesteinen werden wegen der vorhandenen Klüftung relevante Grundwasserströmungen und advektive Transportprozesse auftreten, die abhängig vom vorhandenen Trennflächensystem die Endlagerplanung erheblich beeinflussen (Becker et al., 2020b). Deshalb liegt im Allgemeinen bei Endlagerkonzepten im

Kristallingestein das Hauptgewicht der Barrierewirkung auf den technischen und geotechnischen Barrieren, wenn nicht wie oben schon erwähnt, ausreichend mächtige nicht durch Trennflächen zerlegte Kristallinbereiche ausgewiesen werden können.

Auch ein durch Trennflächen zerlegtes Kristallingestein trägt jedoch ergänzend zur Begrenzung eines Schadstoffaustrags in die Biosphäre während des im Langzeitsicherheitsnachweis geforderten Isolationszeitraums bei, indem sie

- stabile geomechanische und geochemische Verhältnisse gewährleistet,
- Radionuklide durch Sorption zurückhält und
- vor allem als mechanischer Schutz für die technischen und geotechnischen Barrieren wirkt.

Generell ist daher davon auszugehen, dass für die Ausweisung eines einschlusswirksamen Gebirgsbereichs in geklüftetem Kristallingestein mit den zu erwartenden ungünstigen hydraulischen Eigenschaften nur spezielle Konfigurationen eines einschlusswirksamen Gebirgsbereichs in Frage kommen: Nach § 23 StandAG ist es daher zulässig, mehrere einschlusswirksame Gebirgsbereiche (Typ „multipler ewG“) auszuweisen. Diese Regelung kann zur Anwendung kommen, wenn kein ausreichend großer monolithischer Gesteinskörper mit günstigen Barriereeigenschaften zur Verfügung steht.

Die in den Vorhaben CHRISTA (Jobmann et al., 2016), RESUS (Becker et al., 2020a) und CHRISTA-II (Jobmann et al., 2021b) für den sicheren Einschluss radioaktiver Abfälle entwickelten Grundvorstellungen gehen von drei potenziell möglichen Endlagerkonstellationen aus:

(1) eine Formation mit hohem Einschlussvermögen (Abb. 3.5 a)
(2) eine durch Schichten mit hohem Einschlussvermögen überdeckte Kristallinformation (Abb. 3.5 b) und
(3) mehrere Bereiche innerhalb einer Kristallinformation mit einem hohen Einschlussvermögen (Abb. 3.5 c).

Die erste Option ist wegen einer nicht auszuschließenden Wirtsgesteinsklüftigkeit eher unwahrscheinlich. Bei der zweiten Option überlagert ein einschlusswirksamer Gebirgsbereich das kristalline Wirtsgestein. Dieser Gebirgsbereich gewährleistet, dass radioaktive Stoffe eingeschlossen und zurückgehalten werden. Die dritte Option geht davon aus, dass die Abfälle in gering geklüfteten Gesteinsblöcken im Wirtsgestein positioniert werden. Der Einschluss basiert hierbei auf der Kombination aus der geringen hydraulischen Durchlässigkeit dieser Gesteinsblöcke sowie der Barrierewirkung der Behälter und des Versatzes. Durch die herausfordernde Explorierbarkeit dürfte die Ausweisung von gering geklüfteten Bereichen erst mit der Auffahrung der Einlagerungsstrecken möglich sein. Eine Vorabfestlegung auf die Grundrissabmessungen des Endlagers und damit auch die Auslegung und vorgezogene Nachweisführung wird dadurch erheblich erschwert.

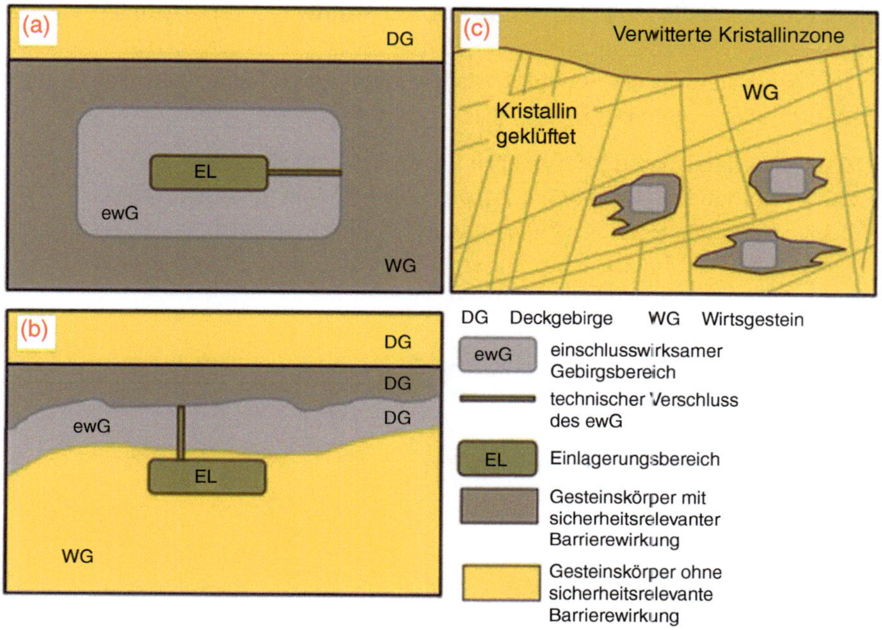

Abb. 3.5 Optionen (a), (b) und (c) für ein Endlager in Kristallingestein in Deutschland (nach Jobmann et al., 2016).

Welche der drei zurzeit diskutierten Optionen in Deutschland in Frage kommt, ob noch weitere Optionen in den Prozess einfließen und ob Standorte in den Teilgebieten gefunden werden können, welche nachweislich den Anforderungen genügen, lässt sich nach aktuellem Kenntnisstand nicht abschließend abschätzen und muss anhand von ortsspezifischen Daten untersucht werden.

3.4 Standsicherheit von Hohlräumen

Eine grundlegende Voraussetzung für den Nachweis der Integrität geologischer Barrieren / geologischer Formationen ist die Standsicherheit der Hohlräume. Im unverritzten Zustand kann davon ausgegangen werden, dass die Integrität der geologischen Barriere nicht degradiert. Mit der Auffahrung verändert sich der Spannungszustand im Gebirge, der Auswirkungen auf die Integrität der geologischen Barriere haben kann.

Für den zahlenmäßigen Nachweis der Standsicherheit sind entsprechend den möglichen Versagensformen geeignete Grenzzustandsbedingungen zu formulieren. Abhängig von den Materialeigenschaften der die Barriere aufbauenden Gesteine (elastisch, plastisch, viskos) sowie den zu ihrer Charakterisierung verfügbaren bzw. verwendeten Stoffmodellen und dem gewählten Nachweiskonzept sind unterschiedliche Zustandsgrößen (Spannungen, Verzerrungen etc.) zu verwenden.

Für den Nachweis der Standsicherheit können als Grenzzustandsbedingungen z. B. formuliert werden:

GZ 1: Vorhandene Zugspannungen kleiner als Zugfestigkeit
GZ 2: Vorhandene Druck-/Schubspannungen kleiner als Bruchfestigkeit
GZ 3: Vorhandene Verzerrungen kleiner als Bruchverzerrung

4

Einwirkungen und Szenarienanalysen

4.1 Einführung

Für die Bewertung der Barriereeigenschaften ist die Identifikation möglicher Einwirkungen, die die mechanische Integrität und Durchlässigkeit eines Barrieregesteins nachteilig beeinflussen können, essenziell. Während beim Kristallingestein Klüfte als lokalisierte Wegsamkeiten bereits vorliegen können, sind Salzgesteine im unverritzten Zustand dicht gegenüber Flüssigkeiten und Gasen und Tongesteine im unverritzten Zustand prinzipiell technisch dicht. Diese Eigenschaften können sich jedoch aufgrund der im Endlager stattfindenden Prozesse verändern, weshalb im Ergebnis einer Szenarienanalyse gemäß EndlSiAnfV eine Unterteilung in erwartete, abweichende und hypothetische Entwicklungen vorgenommen wird. Daraus resultieren die Berechnungsfälle zur Untersuchung der Integrität der geologischen Barrieren.

4.2 Einwirkungen und Schädigungsprozesse

4.2.1 Geogener Ausgangszustand

Im ungestörten Zustand ist der primäre Hauptspannungszustand in einer Gesteinsformation im Wesentlichen durch das überlagernde Gebirge und geologische Prozesse, wie beispielsweise Tektonik, Gebirgsbildung und Erosion, und die Belastungsgeschichte, zum Beispiel durch Gletscherüberfahrung, geprägt. Zudem ist er von den geomechanischen Eigenschaften abhängig, wie Festigkeits- und Verformungsverhalten. Durch die Viskosität des Salzgesteins kann im Gegensatz zu Ton- und Kristallingestein von einem annähernd isotropen Primärspannungszustand ausgegangen werden. Der meist anisotrope Primärspannungszustand im Ton- und Kristallingestein ist auf die Genese (Sedimentation, Abkühlung etc.) und auf die tektonischen Beanspruchungen zurückzuführen. Insbesondere im Tongestein, das im Allgemeinen eine höhere Porosität als Kristallin- oder Salzgestein aufweist, ist der Primärspannungszustand auch vom Porenwasserdruck abhängig. Die vorherrschenden Porendrücke sind vorrangig von der Hydrogeologie und der

Empehlung Nr. 1, Arbeitskreis 3.8 „Geotechnik in der Endlagerung radioaktiver Abfälle“.
Methodische Bewertung der Integrität der geologischen Barriere für Endlager. DGGT e.V. (Hrsg.)

Belastungsgeschichte abhängig, da sie in Wechselwirkung zu den Gebirgsspannungen stehen. Örtliche Gradienten der Porendrücke sind von den umliegenden Aquiferen geprägt.

Die Gebirgstemperaturen sind im ungestörten Zustand durch den geothermischen Gradienten geprägt, der von den Gesteinseigenschaften, den klimatischen Bedingungen an der Oberfläche und dem Wärmefluss aus dem Erdinneren abhängt. Der klimatische Einfluss nimmt mit zunehmender Teufe ab. Da Salzgestein eine verhältnismäßig hohe Wärmeleitfähigkeit besitzt, sind im Bereich von Salzvorkommen, wie Salzstöcken, Wärmeanomalien zu beobachten. Temperaturänderungen führen zu Thermospannungen im Gebirge. Klüfte und Störungen weisen darauf hin, dass das Gebirge den natürlichen Beanspruchungen nicht immer standgehalten hat, sondern bereits geogen rupturelle Prozesse gewirkt haben, die zumindest lokal die Gebirgseigenschaften verändert haben.

4.2.1 Geomechanisch induzierte Einwirkungen und Schädigung

Mit der Auffahrung des Grubengebäudes, d. h. der Hohlräume, wird der geogene Spannungszustand bzw. Primärspannungszustand gestört. Dies führt in Abhängigkeit von den Gebirgseigenschaften zu Verzerrungen im Gebirge, die wesentlich von den elastischen, plastischen und viskosen Gebirgseigenschaften (Steifigkeit, Festigkeit und Kriechvermögen), den Wärmeausdehnungskoeffizienten und ggf. den Porenwasserdruck beeinflussenden hydraulisch-mechanischen Eigenschaften abhängen. Abhängig von den gesteinsbildenden Mineralen, der Gesteinstextur und dem Trennflächeninventar können die Eigenschaften anisotrop sein. Beispielsweise liegt bei Tongestein in der Regel infolge der Einregelung von Tonmineralen Transversalisotropie vor.

Der ursprünglich vorhandene dreidimensionale Primärspannungszustand wird an den Hohlraumwandungen in einen zweidimensionalen Sekundärspannungszustand überführt. Bei fehlendem Ausbaustützdruck wird die senkrecht zur Wandung gerichtete Spannung null. Die sich dadurch erhöhenden Deviatorspannungen überschreiten dabei ggf. die Gebirgsfestigkeiten, wodurch sich plastische und geschädigte Zonen ausbilden. Mit zunehmendem Abstand von der Hohlraumwand nimmt der Einfluss der auffahrungsbedingten Störung des Primärspannungszustandes ab, die senkrecht zur Wandung gerichteten Spannungen werden zunehmend größer bis der Ausgangsspannungszustand wieder erreicht ist. In einem Gebirge mit ausreichend hoher, nicht zeitlich veränderlicher Festigkeit und ohne viskose Eigenschaften bildet sich mit zunehmender Konvergenz des Hohlraums ein Gebirgstragring aus. Infolge dieses Tragverhaltens des Gebirges werden der Hohlraum und die ggf. erforderliche Ausbausicherung nicht durch den vollen lithostatischen Druck belastet. Weist das Gebirge ein viskoses Verhalten auf, wie beispielsweise für Salzgestein und in geringerem Umfang auch für Tongestein, reduziert sich die Tragfähigkeit des Gebirgstragringes über die Zeit. Für Salzgestein ist davon auszugehen, dass die

Kriechdehnungen erst zu null werden, wenn die Deviatorspannungen vollständig abgebaut sind. Eine ggf. angeordnete Ausbausicherung, der Streckenversatz oder ein Verschlussbauwerk werden dann durch den vollständigen lithostatischen Druck beansprucht.

Mit der Überschreitung der Gebirgsfestigkeit und der dadurch bedingten Ausbildung von plastischen und viskoplastischen Zonen kommt es zu einer Mikrorissbildung, die in das Gebirge hinein abnimmt. Im hohlraumnahen Bereich entwickelt sich eine sogenannte Auflockerungszone (ALZ oder Excavation Damage Zone, EDZ). Die Mächtigkeit dieser ALZ kann wenige Zentimeter im Kristallingestein oder einige Dezimeter bis Meter im Salzgestein und Tongestein betragen (Tsang et al., 2005). Beim Tongestein können über die ALZ hinaus Auswirkungen auf den Porendruck und die Sättigungsverhältnisse über mehrere Zehnermeter auftreten. Handelt es sich dabei um eine vernetzte Rissbildung, ist sie hydraulisch wirksam und weist eine höhere Permeabilität als das ungestörte Gestein auf. Mit zunehmendem Abstand zum Hohlraum schließen sich dann die plastischen Zonen an, in denen es zu lokalen Überschreitungen der Bruchverzerrungen und damit ebenfalls zu Mikrorissen gekommen ist, die aber nicht vernetzt sind.

In Gebirgsarten mit viskosen Eigenschaften kann es mit der Reduktion der Deviatorspannungen zu einem Schließen der Mikrorisse und damit zu einer Reduktion der Permeabilität in den geschädigten Bereichen kommen.

4.2.2 Bergbau- und betriebstechnisch induzierte Einwirkungen

Die bergbautechnischen Auffahrungsmethoden und der Betrieb des Endlagers bedingen die im Folgenden aufgeführten Einflüsse auf das Trag- und Dichtigkeitsverhalten des Gebirges:

- Auffahrungsverfahren: Die Auffahrung der Hohlräume kann generell im Bohr- und Sprengvortrieb durch den Einsatz von Teilschnittmaschinen oder bei langen Strecken auch durch Vollschnittmaschinen erfolgen. Infolge der mechanischen Einwirkungen durch das Sprengen oder den maschinellen Vortrieb entsteht eine auffahrungsbedingte Auflockerungszone, die zusätzlich zur geomechanisch bedingten Auflockerungszone zu berücksichtigen ist. Generell kann davon ausgegangen werden, dass bei einem maschinellen Vortrieb diese Schädigungszone geringere Dimensionen aufweist als beim Sprengvortrieb.
- Größe und Geometrie der Grubenbaue, Dimensionierung des Tragsystems und der Ausbausicherung
- Bewetterung: Sind Fluide im Gebirge vorhanden, reduzieren Auffahrung und Bewetterung den Porenwasserdruck und führen so zu einer Entsättigung im Nahfeld der Grubenbaue sowie zu entsprechenden Änderungen der Effektivspannungen (vgl. Kap. 4.2.4). Dieses Phänomen ist im Kristallingestein und im Salzgestein von untergeordneter Bedeutung, im Tongestein jedoch zu berücksichtigen.

- Einlagerung der Abfälle: Die Wärmeentwicklung der endgelagerten radioaktiven Abfälle erhöht die Temperatur im Gebirge mit der Konsequenz weiträumiger Thermospannungen (vgl. Kap. 4.2.3). Außerdem wird eine Korrosion von eingebrachten Stoffen, z. B. von Stahlbewehrungen und Abfallbehältern, sowie eine Radiolyse die Entwicklung von zusätzlichem Gas bewirken. Wenn das Gas nicht entweichen kann, wird es zu einer Erhöhung des Porendruckes führen. Aus einem Porendruckanstieg können fluiddruck-induzierte Einwirkungen resultieren (vgl. Kap. 4.2.4).

4.2.3 Thermisch-mechanisch induzierte Einwirkungen

Wärmeproduzierende Abfälle verursachen einen örtlichen Wärmeeintrag im Gebirge. Die resultierenden Maximaltemperaturen an der Behälteroberfläche nehmen mit zunehmendem Abstand zur Wärmequelle ab, wobei sich das Temperaturfeld zeitlich ausdehnt und die aktuellen Maximaltemperaturen entsprechend der Radioaktivität veränderlich sind. Die Temperaturerhöhung führt zu einer Erhöhung der Druckspannungen und zur Expansion des Gebirges im Nahfeld der Einlagerungsstrecken. Hohe und schnelle Temperaturänderungen können ferner dazu führen, dass durch eine ungleichmäßige Erhöhung der Thermospannungen die Deviatorspannungen zunehmen und ein Schubversagen auftritt. Weiter entfernt von der Wärmequelle kann es als Reaktion auf die Ausdehnung im Nahfeld zu einer Absenkung der Druckspannungen bis hin zur Entstehung von Zugspannungen kommen.

In der Abkühlphase kann eine Verminderung der Druckspannungen im Gebirge ebenso zu einer ungünstigen Veränderung des Spannungszustands führen, bis hin zur Entstehung von Zugspannungen und dadurch bedingter Risse, sodass ebenfalls ein Verlust der Integrität einsetzen kann. Insbesondere im Kristallin- und Tongestein kann ferner die Anisotropie des Primärspannungszustands einen wesentlichen Einfluss auf den Verlust der Integrität durch thermisch-mechanische Spannungsänderung haben.

Nach dem Überschreiten des Temperaturmaximums infolge der Wärmefreisetzung stellt sich asymptotisch unter Nachlassen der thermisch bedingten Spannungen wieder der primäre Temperaturzustand ein, wobei teilweise infolge der thermischen Kontraktion des Gebirges eine Reduzierung der (Druck-)Spannungen bzw. der Belastung von Ausbau- oder Verschlusselementen erfolgen kann.

Zudem kann der Porendruck durch einen Temperaturanstieg zunehmen: erwärmte Porenfluide können sich nur bedingt ausdehnen (die Wärmeausdehnungskoeffizienten von Fluiden sind in der Regel größer als die von Feststoffen) und Siedepunkte können überschritten werden. Die dadurch hervorgerufenen Effektivspannungsänderungen können ebenfalls integritätsrelevant sein.

4.2.4 Fluiddruck-induzierte Einwirkungen

Fluide können sich in der Gesteinsmatrix, in Einschlüssen und Rissen sowie, abhängig von der regionalen hydrologischen Situation, am Rand einer Endlagerformation befinden, woraus wirksame Fluiddrücke in der Formation selber, im Deck- und Nebengebirge sowie in den unterlagernden Gesteinsformationen resultieren können. Die verschiedenen Wirtsgesteine unterscheiden sich in ihren Porenraumeigenschaften (z. B. in Porengrößenverteilung und in Porenkonnektivität) sowie den initialen Fluidgehalten (Lösungen, Gase), woraus unterschiedliche Wechselwirkungen mit den Fluiden resultieren.

Der natürliche Zustand von Fluiden im Gebirge kann gestört sein:

- Durch Spannungs-, Sättigungs- und Temperaturänderungen (vgl. Kap. 4.2.2) sowie den Eintrag von Fremdstoffen (z. B. Überschusslösungen durch Einbringen von Beton für technische Bauwerke) verschieben sich chemische Gleichgewichte, wodurch eine Reihe reaktiver Prozesse initiiert werden.
- Durch die Oxidation der eingebrachten Stoffe, insbesondere Stahl, und Zersetzung von Porenfluiden entsteht Gas (namentlich Wasserstoff), das den Porendruck vergrößern kann.

Das resultierende Gebirgsverhalten ist gebirgsspezifisch und hängt von den petrophysikalischen Randbedingungen ab, die sich zeitlich ändern.

Im dichten (ungeklüfteten) Kristallin- und Salzgestein sind aufgrund der sehr geringen Porosität (< 2 %) kaum Porenfluide vorhanden.

Tongestein kann als ein poröses Medium (Porosität im Allgemeinen zwischen 10 und 20 %) betrachtet werden, dessen Poren in-situ mit Fluiden gefüllt sind. Hier vermindern erhöhte Porendrücke die effektive Spannung deutlich und setzen die Dilatanzgrenze sowie die Festigkeit des Gebirges herab. Auch der Fall einer Teilsättigung ist in Tongesteinen relevant. So bedingen die kleinen Porengrößen mit abnehmendem Sättigungsgrad mitunter beträchtliche Saugspannungen, die zu einer sättigungsabhängigen Festigkeitserhöhung führen. Insofern beziehen sich die nachfolgenden Betrachtungen vornehmlich auf Tongesteine.

Wichtige Kenngrößen zum Einfluss des Porendrucks auf das hydraulisch-mechanische Verhalten des Gebirges sind die Porosität, die Permeabilität und die Kompressibilität des Gebirges sowie die Viskosität, das Wärmeausdehnungsverhalten und die Kompressibilität des Fluids. Bei hohen Temperaturen kann es zum Sieden des Porenwassers kommen. Aufgrund ihrer Genese weisen Tongesteine in der Regel transversal isotrope Eigenschaften auf, so etwa hinsichtlich ihrer Wärmeleitfähigkeit, Permeabilität sowie Steifigkeit und Festigkeit. Als besonderes Element des gekoppelten hydraulisch-mechanischen Verhaltens treten abhängig von der mineralogischen Zusammensetzung des Tongesteins Quell- und Schrumpfungsprozesse auf. Schrumpfungsprozesse können zur Bildung von Wegsamkeiten führen, während Quellprozesse zum Schließen von Wegsamkeiten beitragen können.

Diese Quell- und Schrumpfungsprozesse stehen in engem Zusammenhang mit dem Chemismus des Porenwassers, der Temperatur, der mineralogisch-geochemischen Gesteinszusammensetzung sowie dem Sättigungsgrad. Letzterer wird durch Zweiphasenflusskonzepte beschrieben, die neben der flüssigen auch eine gasförmige Phase im Porenraum berücksichtigen. Separate Gasphasen bilden sich im Porenraum beim Überschreiten von Gaseindringdrücken oder Gaslöslichkeitsgleichgewichten. Gase können im Endlager z. B. thermisch induziert oder über Radiolyse sowie durch Behälterkorrosion entstehen und die Eigenschaften des Wirtsgesteins beeinflussen. Die daraus resultierenden Wechselwirkungen sind sehr komplex und bzgl. des notwendigen Prozessverständnisses aktuell noch Gegenstand der Forschung.

4.3 Ableitung von Lastfällen – Szenarienanalyse

Die Beschreibung der zukünftigen (langzeitigen) Entwicklung eines Endlagersystems ist eine elementare Voraussetzung für die Analyse des Endlagersystems zur Bewertung seiner Sicherheit. Sie wird wesentlich durch die geologische Barriereintegrität gewährleistet (EndlSiAnfV). Das bedeutet, die zu erwartenden und die abweichenden Entwicklungen des Endlagersystems im Bewertungszeitraum von 1 Mio. Jahren sind entsprechend § 3 Absatz 2 EndlSiAnfV zu ermitteln, zu beschreiben und einzuordnen; hypothetische Entwicklungen und Entwicklungen auf der Grundlage zukünftiger menschlicher Aktivitäten sind entsprechend § 3 Absatz 5 EndlSiAnfV zu beschreiben.

Die Beschreibung umfasst zwei Schwerpunkte:

(1) Die geowissenschaftliche Langzeitprognose für einen potenziellen Standort hat als Ziel, die geologische Entwicklung ohne die Einflüsse eines Endlagers für die nächsten eine Million Jahre abzuschätzen. Dadurch soll als Ausgangspunkt einer Langzeitsicherheitsanalyse der natürliche Hintergrund der Entwicklung des Standortes verdeutlicht werden, um die Abweichungen mit Einflüssen eines Endlagers besser abgrenzen und bewerten zu können.

(2) Im Rahmen der sogenannten Szenarienanalyse erfolgen die Zusammenstellung und die Beschreibung der aus der Errichtung eines Endlagers resultierenden Veränderungen unter Berücksichtigung potenzieller Einwirkungen sowie der möglichen Auswirkungen auf die Langzeitsicherheit.

Die Szenarienanalyse als Teil eines Nachweiskonzepts für die sicherheitliche Bewertung von Endlagern für hochradioaktive wärmeerzeugende Abfälle ist ursprünglich im FuE-Vorhaben ISIBEL entwickelt worden (Buhmann et al., 2008). Im Rahmen des Vorhabens VSG wurde der Ansatz zur formalisierten Ableitung von Szenarien für einen Salzstock weiterentwickelt (Beuth et al., 2012).

Der aktualisierte ISIBEL-Ansatz stellt eine belastbare Basis zur Ableitung des Referenzszenarios (wahrscheinliche Entwicklung) sowie abweichender Entwicklungen für Endlager im Steinsalz dar. Diese methodische Vorgehensweise wird auch auf Endlager im Ton- und Kristallingestein übertragen (Mönig et al., 2020).

Die Ausarbeitung relevanter Einwirkungsszenarien für die Integrität eines Endlagers geschieht mit Hilfe der Identifizierung und ausführlichen Beschreibung von möglichen Entwicklungen des Endlagersystems, die für eine zuverlässige Beurteilung seiner Sicherheit relevant sind. Das Ergebnis der Szenarienanalyse ist eine Einstufung der Entwicklungen hinsichtlich ihrer Eintrittswahrscheinlichkeit. Die verwendeten Begrifflichkeiten können variieren. Eine mögliche Klassifikation ist die Einteilung in die Kategorien „wahrscheinlich", „gering wahrscheinlich", „äußerst gering wahrscheinlich" oder „auszuschließen".

Zunächst wird auf Basis einer Analyse relevanter Einflussfaktoren eine begrenzte Anzahl schlüssiger Zukunftsbilder (Szenarien) entworfen. Die Szenarien ergeben sich aus der Auswertung von FEPs und aus der Analyse der Standortverhältnisse. Unter FEPs ist ein Katalog von Eigenschaften („Features"), Ereignissen („Events") und Entwicklungen („Processes") zu verstehen, in dem alle ein Endlagersystem potenziell beeinflussenden Aspekte aufgelistet sind (z. B. Wolf et al., 2012). Die Katalog-Auflistung (vgl. auch NEA, 2019) erfolgt dabei zunächst unabhängig von der Frage, ob der betreffende Aspekt an einem konkreten Standort oder in einem bestimmten Wirtsgestein möglich ist und sie erfolgt auch ohne eine Bewertung der Relevanz.

Bei der Erarbeitung der Szenarien für einen konkreten Standort ist daher zunächst der gesamte Katalog heranzuziehen und alle Einträge sind auf Basis der vorliegenden Standortdaten daraufhin zu bewerten, ob und welche Relevanz der Aspekt im vorliegenden Betrachtungsfall hat. Die Spanne der Einzelbewertungen dieser Aspekte kann von „hochsignifikant" über „sehr wahrscheinlich" über „nicht völlig ausschließbar" bis hin zu „unmöglich" reichen. Auf diese Weise werden in einem Top-Down-Ansatz diejenigen Aspekte des FEP-Katalogs ausgewählt, die im vorliegenden Betrachtungsfall bei der Modellierung zu berücksichtigen sind.

Die abgeleiteten Szenarien stellen Abstraktionen zukünftiger Entwicklungsmöglichkeiten des Endlagersystems dar. Sie sind keine Prognosen und können nur einen bestimmten Zeitbereich oder nur einen Teil des Endlagersystems betreffen. Die Gesamtheit der abgeleiteten Szenarien deckt die Ungewissheiten bezüglich der tatsächlichen Entwicklung des Endlagersystems ab.

In der Realität wird ein Standort mit einem Endlager genau eine Entwicklung durchlaufen. Diese wird in der Endlagerung als wahrscheinliche Entwicklung bezeichnet, umfassend untersucht und als Referenz für abweichende oder hypothetische Entwicklungen verwendet. Trotz umfangreicher Kenntnisse der verschiedenen Einflussfaktoren kann diese tatsächliche Entwicklung des Endlagersystems für lange Zeiträume allerdings nicht in allen Einzelaspekten und Details belastbar prognostiziert werden. So sind Zeitpunkte und Ausprägungen bestimmter zukünftiger Ereignisse an einem Standort nicht eindeutig bestimmbar. Die daraus resultierende Ungewissheit bezüglich der tatsächlichen Entwicklung des Endlagersystems kann durch weitere Erkundungs- und Forschungsarbeiten nur in einem begrenzten Maße verringert werden.

Ein Beweis der Vollständigkeit der sicherheitsrelevanten Szenarien ist prinzipiell nicht möglich. Um eine umfassende Analyse nach Stand von Wissenschaft und Technik zu gewährleisten, werden die Entwicklungen – der internationalen Praxis folgend – systematisch auf der Grundlage standort- und endlagerkonzeptspezifischer FEPs abgeleitet. Diese Ableitung hat wirtsgesteinsspezifisch und entsprechend dem Fortgang des Auswahlprozesses regions- und standortspezifisch zu erfolgen.

Dabei kann auf bereits vorliegende vorläufige Sicherheitsanalysen für Endlager in vergleichbaren Wirtsgesteinsformationen zurückgegriffen werden. Es ist zu überprüfen, inwieweit unter Berücksichtigung der jeweiligen Standortgegebenheiten und der vorläufigen geowissenschaftlichen Langzeitprognose die relevanten Einwirkungen und Prozesse übertragen werden können.

5

Kriterien für die Integritätsbewertung

5.1 Vorbemerkung – Physikalisches Prozessverständnis

Zielstellung der Integritätsbewertung ist gemäß BMU (2010) und EndlSiAnfV der Nachweis der für den sicheren Einschluss relevanten Eigenschaften des einschlusswirksamen Gebirgsbereichs, zunächst unabhängig vom Wirtsgestein. Zur Bewertung wurden bisher drei bzw. vier Indikatoren (Kriterien) herangezogen: Dilatanz, Fluiddruck und Temperatur sowie Advektion. In Abhängigkeit von der Art des Wirtsgesteins sind diese Indikatoren auf das Gestein allein und/oder auf das Gestein und die Trennflächen anzuwenden.

Zur Anwendbarkeit dieser Kriterien im Steinsalz (Mönig et al., 2012; Kindlein et al., 2018), Tongestein (Jobmann et al., 2015; 2017) und Kristallingestein (Jobmann et al., 2021a) liegen jeweils aus Forschungsvorhaben bereits Erfahrungen vor, wobei insbesondere für Ton- und Kristallingestein noch Forschungsbedarf besteht.

Grundlage für die Bewertung der Relevanz und Auswirkungen möglicher Einwirkungen, die zu Schädigungen mit zusätzlichen Wegsamkeiten führen können, ist ein physikalisch basiertes Prozessverständnis, das die lithologischen Gesteinseigenschaften berücksichtigt. Eine Erhöhung der Permeabilität dieser Barrieregesteine kann durch die Aufweitung vorhandener und/oder die Entwicklung neuer Porenstrukturen (z. B. Mikrorisse) entstehen.

Gesteine werden aus Gefüge- oder Mikrostrukturelementen aufgebaut, die für Tongesteine hauptsächlich aus der lagigen Anordnung von Tonmineralen und klastischen Gesteinsfragmenten sowie einem Matrixzement (z. B. Karbonatanteil) bzw. für Salzgestein aus Salzkristallen mit variierender Geometrie, Mineralogie und Textur (z. B. Halitmatrix mit diffus oder lagig verteilten Anhydriteinschaltungen) bestehen können. Die Diskontinuitäten zwischen den verwachsenen Mineralphasen, im Weiteren vereinfachend als Korngrenzen bezeichnet, repräsentieren ein potenzielles Rissnetzwerk. Während bei Tongesteinen eine geringe Permeabilität aufgrund des vorhandenen Porenraums (bzw. einem Porengefüge) inhärent vorhanden sein kann, wird sie bei Salzgesteinen meist erst durch Vernetzung von Wegsamkeiten infolge hydraulischer Drücke oder deviatorischer Spannungen hervorgerufen.

Empehlung Nr. 1, Arbeitskreis 3.8 „Geotechnik in der Endlagerung radioaktiver Abfälle“.
Methodische Bewertung der Integrität der geologischen Barriere für Endlager. DGGT e.V. (Hrsg.)

Physikalisch bedeutet dies, dass Perkolation, also die Schaffung vernetzter Fließwege, durch Normal- und Scherbelastung an den Korngrenzen in ansonsten dichten Gesteinen generiert werden kann. Dieser Prozess tritt ein, wenn die adhäsions- bzw. kohäsionsbedingte Festigkeit an Korngrenzen verloren geht, was durch Überschreitung der beiden folgenden Schwellenwerte, die nachfolgend den Integritätskriterien entsprechen, hervorgerufen werden kann:

- Perkolationsschwelle (1): Kompensation der effektiven Normalspannungen an den Korngrenzen (und ggf. einer Kohäsion) durch den wirksamen Fluiddruck, mit in Folge induziertem Risswachstum und Vernetzung von Korngrenzen = Fluiddruckkriterium (bzw. hydraulisches oder Minimalspannungskriterium),
- Perkolationsschwelle (2): mit Überwindung von Reibung und Kohäsion an Korngrenzen bei Erreichen der Dilatanzgrenze durch Scherbeanspruchung = Dilatanzkriterium.

Bei einer Verletzung des jeweiligen Kriteriums kommt es zu einem Verlust der Dichtheit bzw. zu einer Zunahme der Permeabilität. Diese ist somit ein empfindlicher Indikator für das Öffnen von Fließwegen.

Für die Nachweisführung ist wichtig festzuhalten, dass ein Dichtheitsverlust oder eine Permeabilitätszunahme bereits eintritt, wenn eine der beiden Perkolationsschwellen überschritten wird, d. h., wenn entweder das Dilatanzkriterium oder das Minimalspannungskriterium verletzt ist.

Daraus folgt zwingend, dass:

(1) beide Kriterien unabhängig voneinander zu überprüfen sind und
(2) die Integrität eines Gebirgsbereichs nur erhalten bleibt, wenn beide Kriterien in diesem Bereich außerhalb eines engen Bereichs um die bergmännisch geschaffenen Hohlräume (Auflockerungszone) nicht verletzt werden.

Verschiedene Fazies eines Wirtsgesteinstyps können sehr unterschiedliche Perkolationsschwellen aufweisen. Dies kann in-situ eine heterogene Ausbreitung von Fließwegen bedingen. Für Salzgestein gilt im Besonderen, dass eine Verteilung von Fluiden entlang von Korngrenzen verstärkt Drucklösungsprozesse hervorrufen kann, welche das Verformungsverhalten verändern.

Wesentlich beeinflusst wird die Gebirgspermeabilität bei Vorhandensein eines hydraulisch wirksamen Trennflächeninventars. Dieses liegt vor, wenn die Gesteinspermeabilität sehr viel geringer als die Permeabilität der Trennflächen und ein Wasserdargebot vorhanden ist. Unter dem Begriff „Trennflächen“ werden Schichtflächen und Klüfte subsumiert. In Sedimentgesteinen wie Tonstein liegen die Schichtflächen infolge der Ablagerung zunächst latent vor, können durch Schrumpfungsprozesse oder tektonische Beanspruchungen aber aufreißen. Weiterhin sind infolge einer tektonischen Beanspruchung auch Klüfte in Sedimentgesteinen zu erwarten. In Tiefengesteinen bzw. Ganggesteinen entstehen Trennflächen infolge der Kontraktion durch die Abkühlung oder auch durch eine Entspannung des Gesteins. Darüber hinaus können sie auch eine Folge tektonischer Beanspruchungen sein, wie sie auch in metamorphen Gesteinen die Ursache für Trennflächen darstellten. In der Regel treten Trennflächen in mehreren Scharen mit unterschiedlichen Raumstellungen auf. Hierdurch ergibt sich eine räumliche Vernetzung, die zu einem mehr oder weniger vollständig besetzten 3-dimensionalen Permeabilitätstensor des Gebirges führt. Der hydraulische Widerstand in den Trennflächen ist vom Durchtrennungsgrad, der Öffnungsweite und den Oberflächenbeschaffenheiten der Trennflächenufer abhängig.

Eine labortechnische Ermittlung der für die Permeabilität maßgebenden Kennwerte für Trennflächen ist nur eingeschränkt möglich, da die gewinnbaren Proben nicht repräsentativ für das zu betrachtende Gebirge sein können, die Probenpräparation sehr komplex ist und die räumlichen Prozesse nicht abgebildet werden. Derartige Untersuchungen, wie sie vorwiegend für Tonstein durchgeführt werden, liefern aber Hinweise auf die Gebirgspermeabilität. Weitere Hinweise liefern Insitu-Versuche (Pumpversuche), aus deren Ergebnissen eine integrale Permeabilität abgeschätzt werden kann.

Die Gebirgspermeabilität bildet die Grundlage für die Beurteilung der Integrität der geologischen Barriere und damit für den Langzeitsicherheitsnachweis. Wird, wie im Fall des Kristallingesteins, die geologische Barriere in diesem Nachweis nicht berücksichtigt, so ist die Gebirgspermeabilität nur noch mittelbar für die Auslegung der Wasserhaltung des Grubengebäudes und den damit verbundenen Risiken von Bedeutung.

5.2 Kriterien

5.2.1 Dilatanzkriterium

5.2.1.1 Hintergrund

Dilatanz bezeichnet ganz generell eine makroskopische Volumenzunahme des Porenraums bzw. die Generierung von Mikrorissen infolge von Scherbeanspruchungen des Gebirges. Der Spannungszustand, bei dem die Spannungsänderungen zu einer Volumenerhöhung des aktuellen Zustands führen, also Dilatanz infolge Schädigung eintritt, wird als Dilatanzgrenze (auch: Dilatanzfestigkeit) bezeichnet (siehe Abb. 5.1). Bei mechanischen Beanspruchungen oberhalb der Dilatanzfestigkeit resultieren dilatante Gebirgsdeformationen und in der Konsequenz sekundäre Wegsamkeiten (Sekundärpermeabilitäten). Hierunter werden Wegsamkeiten verstanden, welche sich entweder durch die Erweiterung vorhandener Fissuren ergeben oder sich durch Rissbildung und Rissvernetzung neu ausbilden (AkEnd, 2002) bzw. der Porenanteil zunimmt.

Da der Beginn der Dilatanz die Zunahme der Gebirgspermeabilität kennzeichnet, ist sie im einschlusswirksamen Gebirgsbereich zu vermeiden. Die praktische Bedeutung der Dilatanzgrenze erschließt sich aus der Konsequenz, dass in jedem Gestein, dessen Spannungszustand sich oberhalb der Dilatanzgrenze befindet,

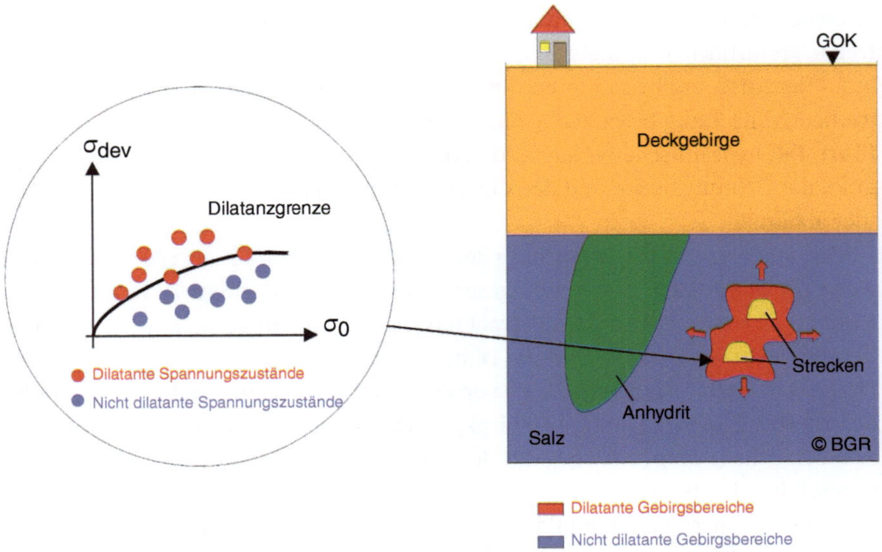

Abb. 5.1 Schemaskizze Dilatanzkriterium am Beispiel der geologischen Barriere; Anwendungsbereich / gesteinsspezifische Relevanz (nach Fahland & Heusermann, 2013; Heusermann et al., 2017).

Schädigungen eingetragen werden. Diese können sich bei kriechfähigen Gesteinen auch bei konstantem Spannungszustand akkumulieren und langfristig zum Versagen führen. Die Dilatanzgrenze entspricht bei diesen Gesteinen deshalb in ihrer Bedeutung als Festigkeitskriterium einer Langzeitstabilitätsgrenze und allgemein hydraulisch einem Dichtigkeitskriterium (Hunsche et al., 2003).

Es gibt aktuell kein einheitliches labor- oder modelltechnisches Verfahren zur Festlegung der Dilatanzgrenze. In der Literatur werden zwei unterschiedliche Definitionen für den Beginn von dilatanter Verformung verwendet:

1. In der ersten Definition wird davon ausgegangen, dass Dilatanz mit dem Beginn des Risswachstums einsetzt, selbst wenn sich das Gesamtvolumen des Gesteins aufgrund von Porenraumkompaktion unter zunehmender Belastung weiterhin reduziert (siehe Abb. 5.2, Punkt A) (z. B. Brace et al., 1966; Rawling et al., 2002; Kwasniewski, 2007; Wild & Amann, 2018).
2. Gemäß der zweiten Definition beginnt Dilatanz erst, wenn sich das Gesamtvolumen des betrachteten Gesteinskörpers unter steigender Spannung nicht mehr reduziert, sondern makroskopisch wieder vergrößert (siehe Abb. 5.2, Punkt B) (z. B. Alkan et al., 2007; Zhang, 2017).

Für die praktische Anwendung als Integritätsnachweis ist es unerlässlich, dass für jedes Gestein ein Verfahren existiert, mit dem der Beginn von Dilatanz abhängig von Beanspruchungsrandbedingungen wie Deviatorspannung, Verformung,

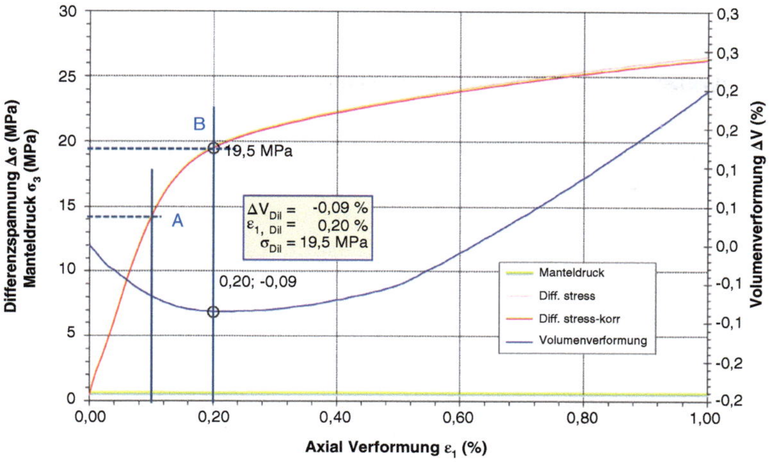

Abb. 5.2 Festigkeitsversuch an einer Salzprobe (axiale Spannungsdehnungskurve und sowie die volumetrische Dehnung vs. axiale Verformung); Punkt A: Einsetzen von Mikrorissbildung (rissinduzierte Schädigung < Konsolidierungseffekt); Punkt B (Dilatanzgrenze): makroskopische Rissbildung (Schädigung ⩾ Konsolidierung).

Verzerrung etc. festgelegt werden kann. Dies erfolgt allgemein auf Basis von Laboruntersuchungen.

Kristallingestein zeichnet sich allgemein durch sehr hohe Gesteinsfestigkeiten aus, weshalb z. B. bergbau-induzierte mechanische Rissbildung in der Regel nur in einem sehr geringmächtigen Konturbereich (mm- bis cm-Bereich) auftritt. Unabhängig davon wurde bereits in den 60er-Jahren Dilatanz, d. h. Rissbildung noch vor Erreichen der makroskopischen Bruchgrenze experimentell nachgewiesen (z. B. Brace et al., 1966). Da kristalline Gesteine die Erdkruste bilden, gibt es u. a. zur Interpretation tektonischer Prozesse oder zur Erdbebenforschung in der Literatur eine Vielzahl von experimentellen Untersuchungen zur mechanischen Rissbildung. Dabei werden unterschiedlichste Verfahren zur Rissdetektion (z. B. Messung der Volumenänderung, der Ultraschallgeschwindigkeiten, der akustischen Emission und der elektrischen Leitfähigkeit [für Details siehe unten Verfahren für Tongestein]) eingesetzt. Obwohl die verschiedenen Messparameter etwas unterschiedliche Ergebnisse liefern, finden beim Kristallingestein Schädigung mit Mikrorissbildung und Dilatanz (als makroskopisch messbare Volumenzunahme) nahezu gleichzeitig statt, da in Laborversuchen zumeist bereits eine geringe Probenauflockerung vorliegt (als Artefakt aus der Probengewinnung und -herstellung), wobei die Definition 1 allgemein gültig ist.

Für Steinsalz wird generell die zweite Definition zugrunde gelegt. Obwohl indirekte Verfahren Mikrorissbildung bereits bei niedrigeren Spannungen anzeigen (z. B. Popp et al., 2001), wird dort als Rissindikator das in Laborversuchen gut bestimmbare Minimum der makroskopischen Volumenverformung ($\Delta V/V$) herangezogen.

Auf dieser Basis ist das Dilatanzkonzept für Steinsalz allgemein akzeptiert und ist daher Grundlage für geotechnische Langzeitsicherheitsnachweise sowohl für radioaktive Abfälle (vgl. Kap. 1.3) als auch für Untertagedeponien für konventionelle Abfallstoffe im Salinar[6].

Tongestein reagiert sehr sensitiv auf äußere Belastungen. Aufgrund des komplexen Verformungsverhaltens, z. B. Überlagerung lokaler Rissbildung durch Porenraumkompaktion, sind die Entwicklung geeigneter experimenteller Nachweismethoden für Schädigung (z. B. über die Bestimmung der Ultraschalllaufzeiten oder Messung / Lokalisierung der akustischen Emission bzw. alternativer Verfahren (siehe unten)) sowie geeignete Versuchsapparaturen und -prozeduren (z. B. zur Herstellung originärer Sättigungsbedingungen) gegenwärtig Gegenstand der Forschung. Beispielsweise zeigen Schumacher & Gräsle (2023), dass die Dilatanzgrenze in Tongestein nicht nur von der effektiven Spannung im Gestein, sondern auch von der Verformung, die das Gestein erfahren hat, abhängt. Deshalb liegt in der vorhandenen Literatur bisher keine allgemeingültige und akzeptierte Formulierung einer z. B. spannungsbezogenen Dilatanzgrenze bzw. einer physikalisch-funktionalen Formulierung einer Stoffmodellgleichung für die Dilatanzgrenze / Dilatanzfestigkeitsfunktion vor.

Aus der experimentellen Beobachtung, dass bei Tongestein Dilatanz nicht direkt gemessen werden kann, ergibt sich zwingend ein Einsatz indirekter Verfahren, bei denen beispielsweise während der Belastung als Indikator für Dilatanz die Abweichung einer Messgröße, z. B. von einem linearen Verhalten, ausgewertet wird. Voraussetzung ist, dass exakte Randbedingungen für die als Triaxialversuch durchzuführenden Untersuchungen definiert sind (u. a. drainiert oder undrainiert, mit/ohne Vorkonsolidierung, Probensättigung und Belastungsrate).

Mögliche praktikable Optionen[7] als Dilatanz-Indikatoren für Tongesteine unter triaxialer Belastung sind:

- die Bestimmung der Abweichung der Kurve Axialspannung / volumetrische Verformung von der Linearität (Brace et al., 1966),
- die Variation der Ultraschallgeschwindigkeiten (Popp et al., 2007a)

---

[6] Sowohl die Deponieverordnung (DepV) als auch die Versatzverordnung (VersatzV) fordern für die in Untertagedeponien und als untertägiger Versatz in Salzgesteinen einzulagernden chemotoxischen Stoffe einen Langzeitsicherheitsnachweis auf Basis des vollständigen Einschlusses der Schadstoffe. Nach der VersatzV (Ziff. 1.1 Anlage 4 zu § 4 Absatz 3 Satz 2) muss durch den Langzeitsicherheitsnachweis belegt werden, dass in der Nachbetriebsphase eines Bergwerks, in das Abfälle zur Verwertung eingebracht werden, es zu keinen Beeinträchtigungen der Biosphäre kommen kann. Gemäß Anlage 4 der VersatzV ist dieser Nachweis für einen Zeitraum von 10 000 Jahren zu erbringen und basiert i. d. R. auf dem Nachweis der Integrität der Salzbarriere.

[7] Zu anderen potenziell möglichen Verfahren, z. B. der Messung des elektrischen Gesteinswiderstandes, der akustischen Emission (AE) oder der Durchlässigkeit, liegen bisher keine ausreichenden Erfahrungen vor.

- die Messung der Porendruckentwicklung[8]; d. h. im Detail die Abweichung der Kurve Porendruck / Differentialspannung von der Linearität (Wild & Amann, 2018) und
- die Betrachtung der axialen Verformung während eines Druckdiffusionsversuchs, aus der ebenfalls die Dilatanzgrenze definiert als Punkt der Volumenzunahme abgelesen werden kann (Schumacher & Gräsle, 2025).

Unabhängig davon belegen die aktuell vorliegenden experimentellen Ergebnisse, dass makroskopisch wegen der Überlagerung von Dilatanz und Kompaktion die Festigkeitsgrenze und die makroskopische Dilatanzgrenze (Volumenzunahme) beim Tongestein nahezu zusammenfallen (z. B. Zhang, 2017). Deshalb wurde im Rahmen von Forschungsvorhaben (RESUS, ANSICHT) für Tongestein als pragmatischer Ansatz eine spannungsbasierte Formulierung über eine Korrelation der Dilatanzgrenze relativ zur jeweils vorhandenen Bruchfestigkeit verwendet (für Details, siehe Jobmann et al., 2017; Maßmann & Ziefle, 2017; Maßmann et al., 2022).

5.2.2 Fluiddruck- oder Minimalspannungskriterium

5.2.2.1 Hintergrund

Hydraulische Einwirkungen sind von besonderer Relevanz für die Barriereintegrität, da sie ausgehend von einem dichten Gestein (z. B. Steinsalz) zu sekundären Wegsamkeiten unterschiedlicher Reichweite und Intensität führen können. Der physikalische Prozess ist durch eine fluiddruck-getriebene Generierung von hydraulischen Fließwegen entlang von Diskontinuitäten im mikro- und makroskopischen Maßstab (Korngrenzen, Schichtflächen) primär charakterisiert. Diese öffnen sich, wenn die Fluiddrücke größer als die minimale Hauptspannung sind (bzw. gesteinsabhängig die aus einer Kohäsion resultierende hydraulische Zugfestigkeit überschritten wird) (siehe Abb. 5.3).

Mit dem Fluiddruckkriterium ist gleichzeitig auch ein „Zugspannungskriterium" abgedeckt, da Bereiche mit Zugspannungen dieses Kriterium immer verletzen.

Bei Untersuchungen im Steinsalz wird als Indikator für die potenzielle Verletzung des Minimalspannungskriteriums davon ausgegangen, dass die kleinste Gebirgsdruckspannung $\sigma_{\min}$[9] in der abdichtenden Barriere zuzüglich einer zu überwindenden Zugfestigkeit σ_Z größer als der in der entsprechenden Teufenlage tatsächlich vorhandene oder hypothetisch mögliche Fluiddruck p_{Fl} sein muss und ein entsprechender Sicherheitsfaktor definiert p_{Fl}:

$$n_{\mathrm{F}} = \frac{\sigma_{\min} + \sigma_Z}{p_{\mathrm{Fl}}} > 1$$

[8] Hierfür wird in konsolidierten undrainierten Triaxialversuchen die Porendruckentwicklung einer vollgesättigten Probe unter steigender Differentialspannung beobachtet. Aufgrund der anfänglichen Kompaktion der Probe steigt der Porendruck zunächst an, um ab dem Zeitpunkt der Volumenzunahme wieder abzusinken. Das Einsetzen der Dilatanz wird also über das Maximum der Porendruckkurve definiert.

[9] Druckspannungen positiv.

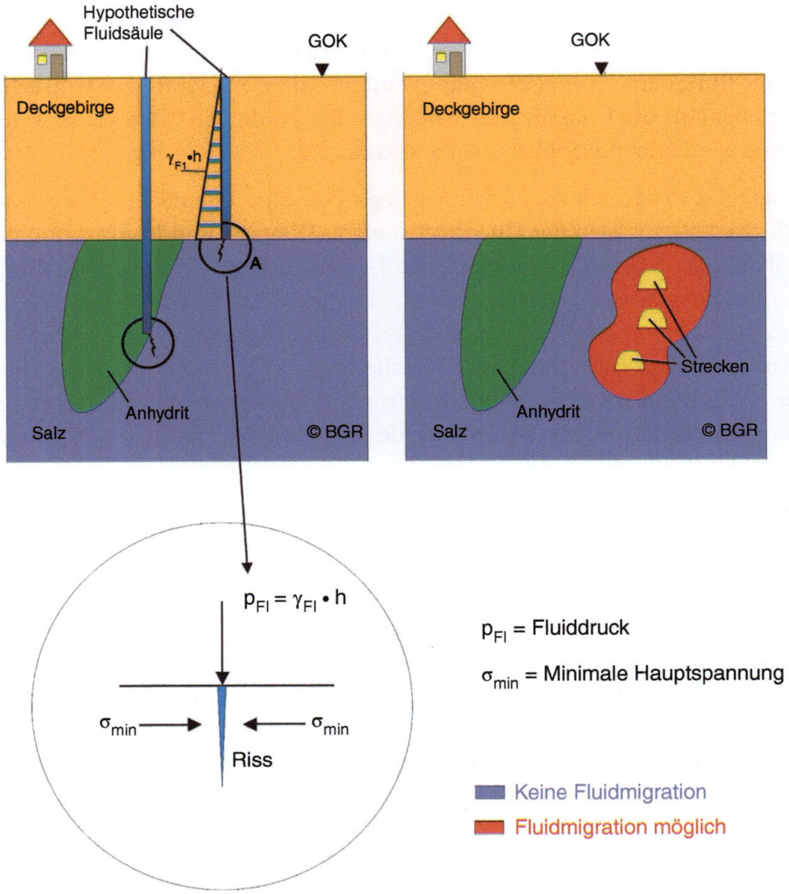

Abb. 5.3 Schemaskizze Fluiddruckkriterium am Beispiel der geologischen Barriere eines Salzstocks (links: Druck aus Deckgebirge, rechts: Druck aus zugelaufenen Hohlräumen); Anwendungsbereich / Relevanz (nach Fahland & Heusermann, 2013; Heusermann et al., 2017).

Dabei wird der hypothetisch mögliche hydrostatische Fluiddruck aus der Differenz der Teufe des Betrachtungspunktes und dem Grundwasserhorizont unter Berücksichtigung der Wichte des Wassers bzw. der Lösung ermittelt.

Bei einem Sicherheitsfaktor $n_F > 1$ gilt das Kriterium als erfüllt, d. h. ein druckgetriebenes Eindringen von möglicherweise anstehendem Fluid ist unter der gegebenen Minimalspannung nicht möglich.

Aufgrund der lithologischen Verschiedenheit von Ton-, Kristallin- und Salzgesteinen ergeben sich gesteinsspezifische Unterschiede in der Bewertung des Minimalspannungskriteriums bzw. den bei einer Verletzung resultierenden Konsequenzen.

Bei primär dichten Salzgesteinen sind Porendruckeffekte (Biot-Koeffizient = 0) vernachlässigbar. Gleichzeitig wird bei der Bewertung mit dem

Minimalspannungskriterium allgemein der Beitrag einer eventuell vorhandenen Zugfestigkeit vernachlässigt, d. h. $\sigma_Z = 0$. Deshalb wird beispielsweise von Heusermann et al. (2017) eine etwas vereinfachte Beschreibung des Minimalspannungskriteriums verwendet, das (wegen der anstehenden Salzlösungen) als Laugendruckkriterium bezeichnet wird. Es besagt, dass die Integrität gewährleistet ist, wenn die kleinste Hauptspannung $\sigma_{\min}$ nicht unter den Wert des in der entsprechenden Teufe anzunehmenden hypothetischen hydrostatischen Drucks p_{Fl} fällt:

$$p_{\mathrm{Fl}} - \sigma_{\min} < 0$$

Kommt es zu einer Verletzung des Minimalspannungskriteriums, weisen Ergebnisse aus Labor- und Feldtests nach, dass es zu einer deutlichen Zunahme der Permeabilität[10] bis in eine Größenordnung von etwa 10^{-18} bis 10^{-15} m^2 kommt. Die Größe der Permeabilität ergibt sich aus dem Vernetzungsgrad und der Öffnungsweite des neu entstandenen Rissnetzwerkes (siehe Perkolationsansatz), das vom Salztyp (z. B. Korngröße und Gehalt von Sulfat- und Tonkomponenten) sowie vom Überdruck bezogen auf die kleinste Hauptspannung abhängt. Phänomenologisch ergeben sich zunächst kleinskalige Wegsamkeiten auf Mikrostrukturebene, die abhängig von der Intensität der Überschreitung der Minimalspannung und der Dauer der Fluiddruckeinwirkung in ihrer räumlichen Reichweite zunehmen. Nur wenn die Zugfestigkeit des Gesteins von dem Fluiddruck deutlich überschritten wird (> 2 MPa), bildet sich ein makroskopischer, singulärer Zugriss aus, woraus bis zu mehrere Zehnermeter große gerichtete Makrorisse resultieren können (Popp et al., 2007b).

Das Fluidruckkriterium in der dargestellten Form beinhaltet grobe Vereinfachungen und Annahmen. Beispielsweise wird keine Korrelation zwischen der Raumstellung der fluiddruckbeaufschlagten Grenzflächen (z. B. dem Salzspiegel oder der Schichtgrenzen zum Nebengestein) und den Richtungen der Hauptspannungen berücksichtigt. Sind beispielsweise die Grenzflächen parallel zur größten Hauptspannung im Salzgestein nahe der Grenzfläche ausgerichtet und ist diese größer als der Fluiddruck, so ist nicht von einer Perkolation auszugehen. Die Verletzung des Fluiddruckkriteriums bedeutet daher nicht unmittelbar eine Degradation der Integrität der Barriere, sondern weist auf das Erfordernis detaillierter realitätsnäherer Untersuchungen hin.

Bei dem in der Regel niedrigpermeablen Tongestein resultieren aus der Einlagerung wärmeproduzierender Abfälle thermisch, hydraulisch und mechanisch gekoppelte Prozesse, die aufgrund der höheren Feuchtigkeitsgehalte bzw. der Porosität und Sättigung in ihrer Wechselwirkung deutlich komplexer als bei Salzgesteinen sind (vgl. Kap. 7.4.3).

---

10 Die naturgegebene Dichtheit der Salzgesteine, die Permeabilitäten von bis zu 10^{-23} m^2 (entspricht ca. einem hydraulischen Durchlässigkeitsbeiwert von $k_f \leq 10^{-16}$ m/s) (z. B. Popp et al., 2001).

Bei Tongesteinen sind sekundäre Wegsamkeiten, die zum Eindringen oder Austreten ggf. schadstoffbelasteter wässriger Lösungen führen können, wegen der bereits vorhandenen, wenn auch geringen Permeabilität, phänomenologisch durch offene Makrorisse charakterisiert. Diese können sich nur dann ausbilden, wenn die Zugfestigkeit des Gesteins von der effektiven Spannung ebenfalls überschritten wird. Ein makroskopischer Riss resultiert in einer Zunahme der Permeabilität um mehrere Größenordnungen.

Liegen bereits initial Fluide im Gestein vor, wie in Tongesteinen und auch meist im Kristallingestein, sollten wegen der komplexen Interaktion zwischen Porenwasserdruck und effektiven Spannungen auf dem Korngerüst die Änderungen im Porendruck explizit betrachtet werden. So kann im geringdurchlässigen Gestein die thermisch bedingte Ausdehnung der Fluide im Porenraum zu einer Verringerung der effektiven Spannungen bis hin zur Entstehung von Zugspannungen führen. In den Projekten ANSICHT, ANSICHT-II (Jobmann et al., 2015; Maßmann et al., 2022) und CHRISTA-II (Jobmann et al., 2021b; Thiedau et al., 2021) wurde die explizite Abbildung der Porenwasserdrücke durch gekoppelte THM-Berechnungen erreicht. Da bei den gekoppelten Berechnungen Fluiddrücke ebenso wie Thermospannungen bei der Auswertung der effektiven, also auf dem Korngerüst wirksamen, Spannungen Berücksichtigung finden, genügt die Betrachtung der geringsten effektiven Hauptspannung zur Auswertung des Fluiddruckkriteriums. Weist diese effektive Hauptspannung eine Zugspannung aus, wird das Kriterium als verletzt angesehen.

5.2.3 Temperaturkriterium

5.2.3.1 Hintergrund

Entsprechend den aktuell gültigen Sicherheitsanforderungen (EndlSiAnfV) ist das Temperaturkriterium zu berücksichtigen (vgl. Kap. 1.3). In der Anlage 8 zu § 24 Absatz 5 StandAG wird ebenfalls auf temperaturinduzierte Einwirkungen verwiesen:

> *„Die von Temperaturänderungen infolge der Einlagerung der radioaktiven Abfälle betroffenen Gesteinsformationen sollen so beschaffen sein, dass dadurch bedingte Änderungen der Gesteinseigenschaften sowie thermomechanische Gebirgsspannungen nicht zu einem Festigkeitsverlust und der Bildung von Sekundärpermeabilitäten im Endlagerbereich führen. Indikatoren hierfür sind die Neigung zur Bildung wärmeinduzierter Sekundärpermeabilitäten und ihre Ausdehnung sowie die Temperaturstabilität des Wirtsgesteins hinsichtlich Mineralumwandlungen“.*

Somit ist im Rahmen der Nachweisführung über thermische Modellrechnungen zu zeigen, dass temperaturbedingte Änderungen der Gesteinseigenschaften sowie thermomechanische Gebirgsspannungen nicht zu einem Festigkeitsverlust und der Bildung von Sekundärpermeabilitäten im Endlagerbereich führen.

5.2.3.2 Anwendung / Relevanz

Nach § 27 Absatz 4 StandAG wird für zukünftige Sicherheitsuntersuchungen als Auslegungstemperatur an der Außenfläche der Behälter in den verschiedenen Endlagersystemen aufgrund von noch ausstehenden Forschungsarbeiten vorsorglich von 100 °C ausgegangen. Bei dieser Temperatur ist eine negative Beeinflussung des Barrieregesteins durch die Temperatur unwahrscheinlich. Unabhängig davon ist die maximale Temperatur T_{Grenz}, die keine unzulässige Beeinflussung des jeweiligen Barrieregesteins zur Folge hat, wirtsgesteinsspezifisch noch zu ermitteln.

Steinsalz in stratiformer Lagerung – ggf. mit einem Wassergehalt von max. einigen Gewichtsprozent – zeigt erst ab ca. 250 °C eine an die Bildung von Mikrorissen gebundene Desintegration („Dekrepitation") (Bräuer et al., 2016) bzw. eine chemische Stabilität der kristallwasserhaltigen Salzgesteine bis 220 °C (Rothfuchs, 1986), so dass auch eine höhere Temperatur als 100 °C an der Behälteroberfläche als Grenztemperatur (vgl. § 27 Absatz 4 StandAG) zugelassen werden könnte.

In der Konsequenz der noch nicht abschließend festgelegten Maximaltemperatur wurden in der Vergangenheit z. T. wirtsgesteinsspezifisch unterschiedliche Maximaltemperaturen angenommen. Im Vorhaben RESUS wurde eine maximal zulässige Temperatur T_{Grenz} im Steinsalz von 200 °C angenommen. Im Vorhaben ANSICHT wurde für Tongestein eine maximal zulässige Temperatur von 150 °C angenommen.

Als Indikator zur Bewertung des Kriteriums dient der Quotient aus der berechneten Temperatur T und T_{Grenz}.

$$\frac{T}{T_{\text{Grenz}}} < 1$$

Werte des Indikators unter 1 weisen auf eine Einhaltung des Temperaturkriteriums hin.

Die Relevanz des Indikators für die Barrierewirksamkeit kann nur unter Einbeziehung der räumlichen und zeitlichen Ausprägung seiner Werte vor dem Hintergrund des betrachteten Endlagersystems bewertet werden.

5.2.4 Advektionskriterium

5.2.4.1 Hintergrund

Unter Advektion wird hier der Strömungstransport von Wasser bzw. Lösung verstanden. Der Einsatz des Advektionskriteriums ermöglicht eine quantifizierende Auswertung der Reichweite von Advektionsprozessen als Indikator zum Vergleich von Berechnungsvarianten hinsichtlich der Sicherheitsreserven verschiedener Endlagerstandorte im Ton- oder Kristallingestein im Rahmen eines Standortauswahlverfahrens. Für das Barrieregestein Steinsalz ist das Advektionskriterium im Allgemeinen nicht zu betrachten, da davon ausgegangen wird, dass im Steinsalz keine primären Fluidwegsamkeiten vorkommen und damit keine Strömungsprozesse stattfinden. Eine Advektion im Steinsalz ist somit an die Bildung sekundärer

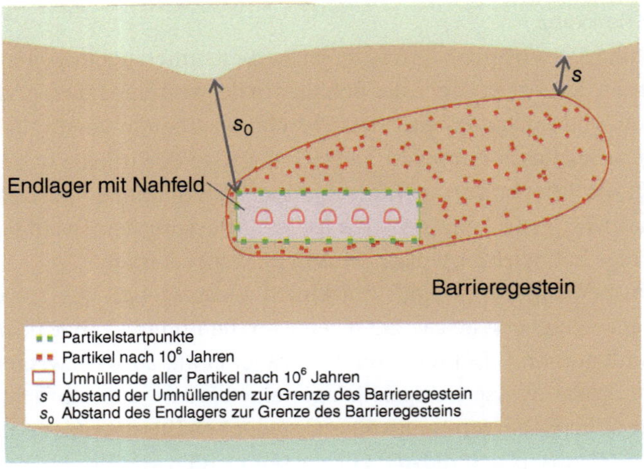

Abb. 5.4 Beispielhafte Auswertung des Indikators Advektion (aus Mönig et al., 2020).

Fluidwegsamkeiten gebunden, die durch das Fluiddruck- und das Dilatanzkriterium überprüft wird.

5.2.4.2 Anwendungsbereich / Relevanz

In den überarbeiteten Sicherheitsanforderungen der EndlSiAnfV wird nicht explizit auf Anforderungen im Sinne eines „Advektionskriteriums" eingegangen, jedoch gibt es in der Anlage 1 zu § 24 Absatz 3 StandAG noch entsprechende Hinweise (vgl. Kap. 1.3). Unabhängig von der Frage hinsichtlich der Relevanz des Advektionskriteriums zur Bewertung von möglichen Integritätsverletzungen wird es nachfolgend kurz erläutert, wobei die Darstellung (siehe Abb. 5.4) aus Mönig et al. (2020) übernommen wird.

Für die Bewertung des Advektionskriteriums wird auf die in Jobmann et al. (2015) dargestellte Interpretation der Sicherheitsanforderungen des BMU (2010) zurückgegriffen. Demnach gilt das Advektionskriterium als eingehalten, wenn *„ein gelöster konservativer Tracer innerhalb des Nachweiszeitraums nicht allein auf Grund der Bewegung des Porenwassers vom Einlagerungsbereich bis an den Rand des einschlusswirksamen Gebirgsbereichs transportiert werden kann"*.

Im Rahmen der Nachweisführung ist zu analysieren, wie weit sich ein Wasserpartikel in dem Nachweiszeitraum nur aufgrund von Strömungsprozessen aus dem Einlagerungsbereich durch das Barrieregestein bewegt. Wenn ein Wasserteilchen hierbei den äußeren Rand des ewG erreicht, wird das Advektionskriterium verletzt. Der Nahfeldbereich wird bei der Auswertung des Advektionskriteriums nicht berücksichtigt (siehe Abb. 5.4.).

Die modelltechnische Bestimmung kann über Partikel-Tracking erfolgen. Es werden hierbei Tracerpartikel eingeführt und verfolgt, um deren Bewegung durch einen ausschließlich advektiven Transport zu analysieren. Die Partikel werden kontinuierlich an der Grenze des Nahfeldes markiert (in Abb. 5.4. grün als Startpunkt der Partikel dargestellt). Es kann eine Umhüllende definiert werden, die alle Aufenthaltsorte der markierten Partikel über eine Million Jahre umschließt (in Abb. 5.4. als rote Umrandung dargestellt). Für eine quantitative Beschreibung wird der Quotient von zwei Abständen ausgewertet:

s_0: kleinster Abstand zwischen dem Nahfeld und der äußeren Begrenzung des Barrieregesteins

s: kleinster Abstand zwischen der Umhüllenden und der äußeren Begrenzung des Barrieregesteins

Wenn bei einer Berechnungsvariante Wasserteilchen vom Nahfeld des Endlagers aus innerhalb des Nachweiszeitraumes die äußere Begrenzung des Barrieregesteins erreichen, also $s = 0$ ist, wird als Indikator die hierfür benötigte Zeit t' im Verhältnis zu dem Nachweiszeitraum ausgewertet. Der Indikator ist dann ein Maß für die Stärke der Überschreitung des Advektionskriteriums.

Der Indikator berechnet sich wie folgt:

$$\text{Indikator Advektion} = \begin{cases} 1 - \dfrac{s}{s_0} & \text{wenn } s > 0 \\ \dfrac{10^6 a}{t'} & \text{wenn } s = 0 \end{cases}$$

Im ersten Fall gibt der Quotient s/s_0 relativ die verbleibende Barrieremächtigkeit an. Der Term $1 - s/s_0$ lässt sich dementsprechend als Ausnutzungsgrad der Barriere interpretieren.

Werte des Indikators unter 1 weisen auf eine Einhaltung des Advektionskriteriums hin. Bei dem Vergleich von Indikatorwerten gilt, dass kleinere Werte im Hinblick auf das Advektionskriterium ein Indikator für höhere Sicherheitsreserven (bis 1) bzw. eine geringere Überschreitung des Advektionskriteriums (über 1) darstellen.

Die Relevanz des Indikatorwertes für die Barrierewirksamkeit kann nur vor dem Hintergrund des betrachteten Endlagersystems bewertet werden.

6

Geotechnische Eigenschaften der Wirtsgesteine

6.1 Vorbemerkungen

Voraussetzungen für die Durchführung numerischer Analysen sind für das entsprechende Barrieregestein und die zu betrachtenden Prozesse geeignete Stoffmodelle und eine ausreichende geologisch-geotechnische Datenbasis zur Ableitung stoffmodellbezogener Parameter. Zur umfassenden Beschreibung des Materialverhaltens einer definierten Gesteinsart wird eine Vielzahl an geotechnischen Parametern benötigt. Relevante Eigenschaften aus geotechnischer Sicht sind:

- Elastizitätseigenschaften, die u. a. unmittelbar nach der Auffahrung eines Hohlraumes zur Ausbildung des sekundären Gebirgsspannungszustandes führen, u. a. mit statischem Elastizitätsmodul, Schub- und/oder Kompressionsmodul als Parametern,
- thermische Eigenschaften zur Beschreibung des Wärmetransports und thermischer Ausdehnung, d. h. Wärmeleitfähigkeit, spezifische Wärmekapazität und thermische Ausdehnungskoeffizienten,
- Festigkeitseigenschaften, im Wesentlichen zur Beurteilung der Standfestigkeit des Gebirges. Parameter dafür sind die ein- und dreiaxiale Bruchfestigkeit, die Zugfestigkeit und die Dilatanzfestigkeit.
- Fließeigenschaften bei Gesteinen mit viskosen Eigenschaften, u. a. zur Beschreibung von Konvergenzprozessen von Hohlräumen oder inelastischen Spannungsumlagerungen. Die relevanten Prozesse sind Kriechen und Relaxation, bei denen es sich um ein zeit- bzw. ratenabhängiges Verhalten handelt.
- hydraulische Eigenschaften zur Beschreibung des Fluidtransports. Dazu zählen die intrinsische Permeabilität, der Speicherkoeffizient und die Viskosität des Porenfluids.
- mechanisch-hydraulische Kopplungseigenschaften, z. B. beschrieben durch die Parameter nach Biot (Biotkoeffizient α) oder Porositäts-Permeabilitäts-Beziehungen.

Die Parameter basieren auf Daten, die bei Standortuntersuchungen, in Laboranalysen und als begründete Schätzwerte aus der Literatur gewonnen wurden. Alle verwendeten Parameter weisen daher in einem gewissen Umfang

Empehlung Nr. 1, Arbeitskreis 3.8 „Geotechnik in der Endlagerung radioaktiver Abfälle“.
Methodische Bewertung der Integrität der geologischen Barriere für Endlager. DGGT e.V. (Hrsg.)

Ungewissheiten auf. Die Natur dieser Parameter-Ungewissheiten kann vielfältigen Ursprungs sein. Die Behandlung von Ungewissheiten ist nicht Gegenstand dieser Empfehlung.

Wenn für ein Wirtsgestein ein ausreichend begründetes Prozessverständnis vorliegt und/oder eine bewährte phänomenologische Beschreibung existiert, können davon ausgehend geeignete materialspezifische Stoffmodellparameter bestimmt werden. Dies gilt beispielsweise bei Steinsalz für das Stoffmodell BGRa bezüglich der Spannungsabhängigkeit der stationären Kriechrate und der thermischen Aktivierungsenergie (vgl. Kap. 7.4).

Auf Basis dieser Zusammenhänge können dann „Gesetzmäßigkeiten" für eine „Homogenbereichskartierung" abgeleitet werden, wie sie bereits für unterschiedliche Salzgesteine für das ERA Morsleben bzw. im Rahmen der VSG für den Standort Gorleben bekannt sind.

6.2 Vorgehensweise Homogenbereichsausweisung

Ausgehend vom geologischen Modell sind für das räumliche geomechanische Modell Bereiche mit ähnlichen Eigenschaften auszuweisen, sogenannte Homogenbereiche.

Dies erfolgt im Regelfall auf der Grundlage von Feld- und Laboruntersuchungen. Der Umfang der Untersuchungen ist nicht festgelegt. Je umfangreicher die geomechanischen Untersuchungen sind, desto geringer treten Abweichungen zwischen Modell- und Gebirgsverhalten, den in der Modellierung angesetzten Kennwerten und der tatsächlichen Entwicklung auf. Der Umfang der Untersuchungen kann durch eine größere Probenanzahl mit höherer räumlicher Auflösung, einer vertieften Forschung zu Art und Signifikanz von Deformationsmechanismen und einer räumlichen Interpolation der Labor- und Felduntersuchungen zunehmen, welche die lokalen strukturgeologischen Bedingungen berücksichtigt.

Zur Absicherung experimenteller Befunde können Mikrostrukturanalysen Aufschluss über vergangene Deformationsprozesse und -raten geben. So können in Salzgesteinen die (Sub-)Korngröße oder lokale Faltungsstrukturen Hinweise zu Paläospannung und -viskosität geben. In Tonstein kann häufig ein fein verteilter Sprödbruch im nm-mm Bereich für makroskopisch duktile Bereiche verantwortlich gemacht werden.

6.3 Datenbasis Salzgesteine

6.3.1 Vorbemerkung

Für den Integritätsnachweis potenzieller Endlager im Salz werden insbesondere Kennwerte der thermischen, hydraulischen und mechanischen Eigenschaften der unterschiedlichen Gesteinseinheiten des Salinars (hier vorrangig für Steinsalz) sowie nachgeordnet der Deckgebirgseinheiten benötigt. Darüber hinaus sind abhängig vom Detaillierungsgrad des Endlagerkonzepts und der Nachweisführung Kennwerte der eingesetzten EBS-Materialien (EBS: Engineered Barrier System), d. h. Versatzmaterialien (z. B. Salzgrus, Schotter) und Verschlussbaustoffe (z. B. Salz- oder Magnesia-Betone, Ton / Bentonit oder Ton-Mineralgemische), von Bedeutung. Abhängig von dem Erkundungsstand und der Zielsetzung können repräsentative (z. B. für eine vorläufige Sicherheitsanalyse) oder standortspezifische Datensätze (z. B. im Rahmen eines Genehmigungsverfahrens) für Modellberechnungen herangezogen werden. Die Beschreibung der Eigenschaften erfolgt durch geeignete numerische Programmsysteme mit materialspezifischen Stoffmodellen entsprechend dem Detaillierungsgrad des Berechnungsmodells und den fachlichen Anforderungen aus dem Nachweiskonzept.

Für reale Standorte ist zu berücksichtigen, dass die petrophysikalischen und geomechanischen Parameter zusätzlich zu lokationsspezifischen Unterschieden ortsabhängig bzw. bereichsweise aufgrund unterschiedlicher stratigrafisch/lithologischer Randbedingungen variieren können. Das bedeutet, dass dieser Umstand über eine „Homogenbereichskartierung" zu berücksichtigten ist (z. B. Hunsche et al., 2003, Schulze, O. et al. 2010). Nach vorliegenden Erfahrungen können dabei, z. B. für die Beschreibung der Kriecheigenschaften, ausgehend von den geologischen Erkundungsergebnissen Korrelationen zwischen den bereichsweise charakteristischen Gefügeeigenschaften und dem Kriechvermögen der anstehenden Steinsalz-Typen systematisch genutzt werden. Vorlagen für eine derartige Vorgehensweise bilden die Untersuchungen an den Standorten Morsleben, Asse und Gorleben, wo gemäß Bräuer et al. (2012) jeweils für die verschiedenen Gebirgseinheiten statistisch abgesicherte Laboruntersuchungen durchgeführt wurden.

Darüber hinaus sind aber auch jeweils Ergebnisse aus untertägigen Messungen (z. B. Konvergenz- oder Extensometermessungen) und übertägigen Messungen (z. B. Senkungen) zur Kalibrierung der zunächst auf Labordatensätzen basierenden Stoffmodellparameter unerlässlich.

6.3.2 Referenzdatensätze: Steinsalz – Flache / Steile Lagerung

Trotz der intensiven bergbaulichen Nutzung von Salzformationen (z. B. für die Kali- und Steinsalzgewinnung, Salzkavernennutzung) liegen aufgrund des Urheberrechts der Bergwerkseigentümer nur wenige belastbare standortreferenzierte Datensätze für die vorkommenden Salinargesteine vor. Verfügbare Datensätze für Salinargesteine wurden u. a. von der BGR für den Salzstock Gorleben, das ERA Morsleben und das Bergwerk Asse ermittelt. Diese basieren auf qualitätsgesicherten Messverfahren und bilden deshalb die bevorzugte Quelle für Literaturauswertungen zum thermisch-hydraulisch-mechanischen Materialverhalten von Salzgesteinen (und teilweise auch EBS-Materialien), wie sie in verschiedenen Kompendien als Basis für Modellberechnungen zusammengefasst sind (z. B. Heemann et al., 2014; Liu et al., 2017; Stahlmann et al. 2015).

Die aktuell umfassendste Datendarstellung ist in Liu et al. (2017) dokumentiert und wurde im Rahmen des BMWi-Forschungsvorhabens KOSINA von BGR und IfG erarbeitet, wobei neben Endlagerstandorten mit vorzugsweise Zechstein-Salinar auch Daten von kommerziellen Standorten der steilen und flachen Lagerung sowie Daten von der Wipp-Site (flache Lagerung, USA) berücksichtigt wurden. Die Zusammenstellung umfasst Rohdaten und Empfehlungen zu folgenden Parametern:

- Geologische / lithologische / hydraulische Randbedingungen:
  - Dichte-Angaben für Salinargesteine sowie das Deck-, Neben- und Grundgebirge
  - Grundspannungszustand – Teufendruckgradient
  - Lösungsdichte für Salinargesteine und für das Deck-, Neben- und Grundgebirge
  - Wassergehalt im Salinar
- Thermische Parameter für Salinargesteine und für das Deck-, Neben- und Grundgebirge:
  - Wärmeleitfähigkeit, spezifische Wärmekapazität und Wärmeausdehnungskoeffizient
- Mechanische Parameter:
  - Elastizitätsparameter für Salinargesteine sowie für das Deck-, Neben- und Grundgebirge
  - Experimentelle Datensätze für das stationäre Kriechen (Steinsalz sowie Kaligestein) unter Berücksichtigung unterschiedlicher Spannungsbereiche
  - Dilatanz und Festigkeit
- Hydraulische Parameter (Steinsalz):
  - Porosität
  - Permeabilität (ungeschädigtes Steinsalz)
  - Permeabilitäts-/Porositätsbeziehung bei Dilatanz
  - Permeabilitätszunahme bei Fluiddruckanstieg

Diese Datensätze können aufgrund der lithologisch/stofflichen Homogenität von Steinsalz oder anderen lithologischen Einheiten (z. B. Anhydrit) unter Berücksichtigung der stratigrafischen Gegebenheiten für Vorausberechnungen verwendet werden. Dies schließt auch die Übertragung der Kennwerte von Salzgesteinen der steilen Lagerung auf Standorte in der flachen Lagerung ein.

Eine wichtige Kenngröße zur Einordnung der Gesteinseigenschaften ist die Dichte (siehe Tab. 6.1). Sie variiert für Steinsalz als nahezu monomineralisches Gestein (Vol.-Anteil Halit = ca. 90–98 %), unabhängig von der stratigraphischen Einordnung, in sehr engen Grenzen. Hingegen zeigen z. B. Kaligesteine, abhängig vom Mineralbestand (Mineraldichte Halit: 2,16 g/cm^3; Carnallit: 1,60 g/cm^3 und Anhydrit: 2,95 g/cm^3), eine große Bandbreite.

Unter Berücksichtigung des Schichtenaufbaus von Deckgebirge und Salinar können die Teufengradienten zur Berechnung des Grundspannungszustandes standortspezifisch zwischen 17,6 und 24,5 MPa/km variieren.

Tab. 6.1 Nach Gesteinstyp gemittelte – nicht standortspezifische – Dichten (nach Heemann et al., 2014).

	Gesteinsdichte (kg/m³)		
Gesteinstyp	**Mittelwert**	**Min**	**Max**
Steinsalz, allgemein	2182	2100	2385
Leine-Steinsalz (z3NA)	2161	2148	2181
Staßfurt-Steinsalz (z2Na)	2177	2150	2204
Werra-Steinsalz (z1Na)	2167	2140	2204
Hartsalz	2245	2153	2340
Sylvinit	2056	1850	2100
Carnallitit	1834	1600	2200
Anhydrit	2745	2350	3000
Grauer Salzton	2565	2550	2580

Tab. 6.2 Thermische Parameter für Steinsalz und sonstige Salzgesteine (nach Liu et al., 2017).

Parameter	Einheit	Salzgestein	Kaliflöz (z2SF) Gorleben	Anhydrit
Wärmeleitfähigkeit	λ [W/(m·K)]	3,2–5,73–5,8	1,5	3,2–5,2
Spezifische Wärmekapazität	c_p [J/(kg·K)]	850–855–890	903	864
Wärmeausdehnungskoeffizient	α [1/K]	$4{,}2 \cdot 10^{-5}$	$2{,}5 \cdot 10^{-5}$	–

Das Materialverhalten von Steinsalz kann in erster Einschätzung als isotrop angesetzt werden, was für geschichtete Salzgesteine überprüft werden muss.

Die entscheidenden Parameter zur Beschreibung thermisch-mechanischer Wechselwirkungen sind die Wärmeleitfähigkeit und die Wärmekapazität der wesentlichen Gesteinseinheiten. Diese wurden für verschiedene Salzgesteine untersucht, wobei insbesondere für Steinsalz die Streuung sehr gering ist (siehe Tab. 6.2).

Abhängig von den wirkenden Belastungen zeigen Salzgesteine ein komplexes nichtlineares Spannungs-Verformungs-Verhalten. Steinsalz z. B. reagiert unter Belastung mit einem ausgeprägten duktilen Verformungsverhalten, bei dem sich viskoses Kriechen mit schädigungsinduzierten Verformungen überlagert, woraus ein zeitabhängiges Festigkeits- und Verformungsverhalten resultiert. Dieses Materialverhalten ist auf Basis von Festigkeits- und Kriechversuchen sehr gut untersucht (vgl. Liu et al., 2017), wobei aber insbesondere für das Kriechverhalten bei kleineren Spannungsdeviatoren (σ_{Diff} < 5–10 MPa) sowie in der Extrapolation des Festigkeits- und Verformungsverhaltens auf endlagerrelevante Verformungsraten noch Forschungsbedarf besteht.

6.4 Datenbasis Tongestein

6.4.1 Vorbemerkung

Entsprechend ihrer Genese sind Tongesteine diagenetisch verfestigte klastische Sedimente, die eine große lithologische Vielfalt aufweisen, wie in Kap. 2.1.2 beschrieben. Ausgehend von den lithologischen Eigenschaften werden für die Prüfung der Integrität des ewG in einem potenziellen Endlager im Tongestein sowie für die gegenseitige Kopplung von Prozessen Kennwerte der thermischen, hydraulischen und mechanischen Eigenschaften benötigt. Allerdings gehören die meisten Tongesteine zu den sogenannten „veränderlich festen Gesteinen", woraus erhebliche Schwierigkeiten bei der Probengewinnung und -herstellung resultieren können. Dies ist bei der Planung experimenteller Untersuchungen zu berücksichtigen (siehe hierzu z. B. FGSV, 2021).

Im Vergleich zu anderen Wirtsgesteinen stellt die Anisotropie der Eigenschaften eine Besonderheit dar. Bedingt durch die Ablagerung und Diagenese werden viele Prozesse im Allgemeinen transversal isotrop abgebildet. Bei der Bestimmung der hierfür erforderlichen Materialkennwerte ist dies zu berücksichtigen (z. B. Zhang, 2017). Die Laboruntersuchungen sind an Proben mit unterschiedlicher Einfallsrichtung der Schichtflächen zur Probenachse durchzuführen und die Ergebnisse entsprechend auszuwerten. Abbildung 6.1 zeigt die Definition der Prüfkörperanisotropie mit Bezug zum Schichtungseinfallen nach Bock (2009).

Die nachfolgend zusammengestellte Datenbasis gibt einen Eindruck von der durch die Anisotropie bedingten Schwankungsbreite einzelner Kennwerte. Insbesondere im Zusammenhang mit einem anisotropen in-situ Hauptspannungssystem sollte der Aspekt einer herabgesetzten (Scher-)Festigkeit auf Schichtflächen im Hohlraumbau berücksichtigt werden.

Neben der Anisotropie muss auch die Heterogenität betrachtet werden. Diese ist auf allen Größenskalen zu finden und kann im Tongestein ebenfalls stark ausgeprägt sein. Die Auswirkung von größeren Inhomogenitäten im Wirtsgestein auf die Integrität kann bedeutend sein (Maßmann et al., 2022).

Eine weitere Herausforderung bei der Bestimmung von Kennwerten für Tongestein stellen die zu erwartenden hydraulisch-mechanischen Kopplungen dar. Zum einen sind die Eigenschaften stark vom Wassergehalt, Sättigungsgrad und dreidimensionalen Spannungszustand abhängig und zum anderen können Konsolidierungseffekte die Messergebnisse überlagern. Dies sollte

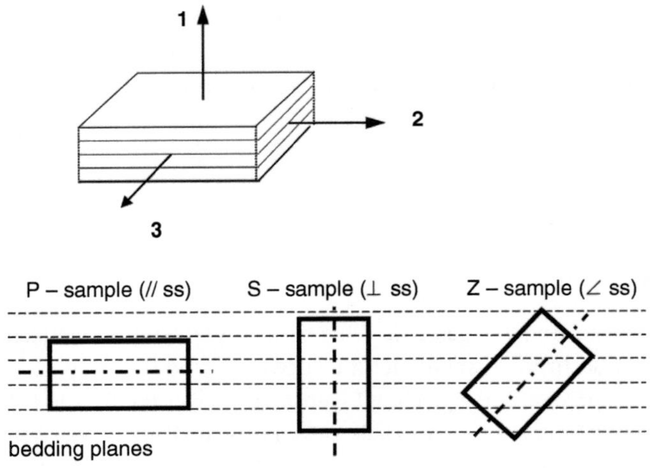

Abb. 6.1 Prüfkörperanisotropie mit Bezug zum Schichtungseinfallen (nach Bock, 2009).

bei der Auswertung von Versuchen Berücksichtigung finden (siehe z. B. Mayr et al., 2022).

6.4.2 Referenzdatensätze

Tongesteine können sehr unterschiedliche Ausprägungen aufweisen und unterscheiden sich daher wesentlich in ihren Kennwerten. Deshalb können diese von einer Lokation nur sehr bedingt auf eine andere übertragen werden. Es existiert kein Standarddatensatz; vielmehr muss dieser standortabhängig bestimmt werden. Eine Auflistung von einem einzigen Referenzdatensatz kann daher problematisch sein, da sehr große Parameterbandbreiten angegeben werden müssten und eine willkürliche Auswahl hieraus zu Datensätzen führen kann, die in sich nicht konsistent sind und so bei numerischen Analysen unrealistische Ergebnisse erzeugen.

Die labortechnische Untersuchung von Tongestein ist u. a. aufgrund der stark ausgeprägten HM-Kopplung und der langen Drainagezeiten eine sehr aufwändige und anspruchsvolle Aufgabe. Dieser Umstand wirkt sich auf die bestehende Datenbasis in unterschiedlicher Weise aus: Die experimentellen Bedingungen und Vorgehensweisen unterscheiden sich oft zwischen den ausführenden Laboren ebenso wie die verwendeten Analysemethoden. Sehr detaillierte Untersuchungen sind wegen des mit ihnen einhergehenden Aufwandes zudem vergleichsweise selten, was eine statistische Auswertung der Untersuchungsergebnisse erschwert.

Die modellhafte Beschreibung von Tonstein ist vor allem im Bereich der Teilsättigung und des inelastischen Verhaltens sehr spezifisch und heterogen, weswegen in diesem Bereich ein einheitlicher Parametersatz nur in begrenztem Maße existiert (beispielsweise beschränkt auf einfache Größen wie UCS). Die Prozessmodellierung ist in diesen Bereichen zudem noch Gegenstand der Forschung (vgl. Kap. 7.4.3). In numerischen Simulationen der geologischen Barriere auf größeren Skalen wird daher vor allem auf grundlegende THM-Parametersätze zurückgegriffen, die in unterschiedlichen Kontexten erarbeitet wurden und im Folgenden dargestellt werden.

Vergleichsweise detailliert wurden Tongesteine in den Ländern untersucht, in denen sich die Standortauswahl seit Längerem auf entsprechende Formationen konzentriert. Dazu zählen Frankreich, die Schweiz und Belgien. In einem Vergleich zeigt sich, dass die jeweils untersuchten Tongesteine aufgrund unterschiedlicher Mineralogie und Diagenese standortspezifisch ein breites Eigenschaftsspektrum aufweisen. Hinzu kommen die lokal unterschiedlichen Teufenlagen und gebirgsmechanischen Verhältnisse in den Untertagelaboren (MHM Bure [F], Tournemire [F], Mont Terri [CH], Hades [BE]). Eine gute Übersicht über die Eigenschaften unterschiedlicher Tongesteinsformationen ist im Clay Club Catalogue der OECD/NEA (2022) zu finden.

Umfangreiche THM-Untersuchungen wurden für den im Felslabor Mont Terri anstehenden Opalinuston durchgeführt. Er kann in eine sandige, tonige und karbonatreiche Fazie unterteilt werden. Eine Zusammenstellung von Parametern findet sich beispielsweise in Bossart (2008), Bock (2009) und Jaeggi et al. (2014). Parametrisierungen, die im Rahmen von THM-Berechnungen, u. a. für das DECOVALEX-Projekt verwendet wurden, finden sich z. B. in Ziefle et al. (2017). Typische Parametersätze nach Bossart et al. (2017) sind in Tab. 6.3 aufgeführt.

Tongesteine in Deutschland wurden bisher nur wenig untersucht. Werte und Bandbreiten bestimmter für numerische Sicherheitsanalysen relevanter Eigenschaften wurden im Rahmen des Vorhabens ANSICHT anhand zweier generischer Standorte zusammengestellt. Ein erster generischer Standort, der eine typische geologische Situation eines Unterkreidetons in Norddeutschland repräsentiert (Reinhold et al., 2013; Jahn & Sönnke, 2013), findet sich dort ergänzt um einen zweiten, der einen Opalinustonstandort in Süddeutschland repräsentiert (Reinhold et al., 2016; Jahn et al., 2016). Hierauf basierend wurden THM-Berechnungen parametrisiert und durchgeführt (Nowak & Maßmann, 2013; Maßmann, 2016; Maßmann & Ziefle, 2017). Auch für die Parametrisierung von Berechnungen in den Projekten RESUS (Alfarra et al., 2020) und ANSICHT-II (Maßmann et al., 2022) wurde hierauf zurückgegriffen.

Nicht zuletzt aufgrund der vorliegenden lithologischen Streuung von Tongesteinen in den verschiedenen stratigraphischen Einheiten und Lokationen wird eingeschätzt, dass für Nachweisberechnungen jeweils standortspezifische Kennwerte zu verwenden sind.

Tab. 6.3 Parameter Opalinus-Tonfazies (Orientierung zur Schichtung: [S] – senkrecht, [P] – parallel) (nach Bossart et al., 2017).

	Tonige Fazies		Sandige Fazies	
Parameter	**Spannbreite**	**Beste Schätzung**	**Spannbreite**	**Beste Schätzung**
Petro-physikalische Parameter				
Dichte (feucht) [g/cm^3]	2,40–2,53 (253)	2,45	2,42–2,63 (65)	2,52
Totale (physikalische) Porosität [Vol.%]	14–25 (17)	18	5,3–17,7 (17)	11,1
Wasserverlust Porosität [Vol.%]	13–21 (k.A.)	16	4,9–17,5 (19)	10,5
Wassergehalt [Gew.%]	5,8–8,9 (22)	6,6	2–6 (112)	4
Seismische P-Wellengeschwindigkeiten Vp (S) [ms^{-1}]	2220–3020 (48)	2620	1470–4610 (61)	3280
Seismische P-Wellengeschwindigkeiten Vp (P) [ms^{-1}]	3170–3650 (111)	2410	2870–5940 (112)	3860
Hydraulische Parameter				
Hydraulische Leitfähigkeit (S) [ms^{-1}]	$2 \cdot 10^{-14}$–$1 \cdot 10^{-12}$ (57)	$2 \cdot 10^{-13}$	$1 \cdot 10^{-13}$–$5 \cdot 10^{-12}$ (10)	$1 \cdot 10^{-12}$
Spezifischer Speicherkoeffizient [m^{-1}]	$1 \cdot 10^{-7}$–$1 \cdot 10^{-4}$ (6)	$2 \cdot 10^{-6}$	$1 \cdot 10^{-6}$–$1 \cdot 10^{-5}$ (4)	$7 \cdot 10^{-6}$
Effektiver Diffusionskoeffizient (S) [m^2s^{-1}]	$7{,}1 \cdot 10^{-12}$–$1{,}1 \cdot 10^{-11}$ (2)	$1{,}0 \cdot 10^{-11}$	k.A.	k.A.
Effektiver Diffusionskoeffizient (P) [m^2s^{-1}]	$4{,}0 \cdot 10^{-11}$–$6{,}8 \cdot 10^{-11}$ (5)	$5{,}4 \cdot 10^{-11}$	k.A.	k.A.
Effektive Porosität [%]	12,0–16,4 (5)	15,0	k.A.	k.A.
Gaseindringdruck [MPa]	1,2–3,2 (11)	1,8–2,5	k.A.	k.A.

Mechanische Parameter				
Einaxiale Druckfestigkeit UCS (S) [MPa]	5–10 (19)	7	6–37 (51)	16
Einaxiale Druckfestigkeit UCS (P) [MPa]	4–17 (22)	10,5	4–37 (60)	18
Elastizitätsmodul E (S) [GPa]	2,1–3,5 (34)	2,8	0,4–19,0 (51)	6,0
Elastizitätsmodul E (P) [GPa]	6,3–8,1 (39)	7,2	2,0–36,7 (60)	13,8
Querdehnungszahl (S) [–]	0,28–0,38 (73)	0,33	0,06–0,42 (51)	0,22
Querdehnungszahl (P) [–]	0,16–0,32 (73)	0,24	0,13–1,23 (59)	0,44
Thermische Parameter				
Thermische Leitfähigkeit (S) [$Wm^{-1}K^{-1}$]	1,0–3,1 (9)	1,2	k.A.	k.A.
Thermische Leitfähigkeit (P) [$Wm^{-1}K^{-1}$]	1,0–3,1 (9)	2,1	k.A.	k.A.
Wärmekapazität [$JKg^{-1}K^{-1}$]	k.A.	1000	k.A.	k.A.
Geochemische Parameter				
Porenwasserzusammensetzung nach Pearson et al. 2003	Na-Cl-SO4 mit einer maximalen TDS von 18,3 g/l			
Totale Kationenaustauschkapazität CEC [meq/100 g]	9,4–13,4 (24)	11,1	7,3-21,9 (13)	14,4

6.5 Datenbasis Kristallingestein

6.5.1 Vorbemerkung

Kristallingesteine stehen als Metamorphite oder Plutonite an. Sie sind und waren tektonischen Spannungen und erdgeschichtlich bedingten Bewegungen unterworfen. Aufgrund der hohen Steifigkeit der kristallinen Gesteine reagieren diese mit spröder Deformation auf Bewegungen der Erdkruste, was die Bildung von Klüften und Störungen begünstigt. Dieses Deformationsverhalten unterscheidet sich von Tongesteinen und Steinsalz, welche spröd-duktil bzw. viskos-duktil auf Spannungen reagieren. Kristallingestein ist standfest, schlecht wasserlöslich und weist eine gute Temperaturbeständigkeit auf. Grundsätzlich ist im Kristallingestein von einem inhärent vorliegenden Trennflächensystem (Klüftung) auszugehen. Die hydraulische Leitfähigkeit weist einen großen Kontrast zwischen der Gesteinsmatrix und dem Trennflächensystem auf.

Die fehlende hydraulische Barrierewirkung im Kristallingestein ist insbesondere auf die hydraulische Konnektivität von Rissen und Klüften des Gebirges sowie in Verwitterungsbereichen auf hydrothermale oder andere Verwitterungsarten zurückzuführen.

Tab. 6.4 Kennwerte Kristallin (nach Becker et al., 2020a).

Parameter	
Petro-physikalische Parameter	
Dichte [g/cm^3]	2,7
Hydraulische Parameter	
hydraulische Leitfähigkeit (Gebirge) [ms^{-1}]	$1 \cdot 10^{-10}$ bis $1 \cdot 10^{-6}$
hydraulische Leitfähigkeit (Gestein) [ms^{-1}]	$1 \cdot 10^{-14}$
effektive Porosität [%]	1,0
Mechanische Parameter	
einaxiale Druckfestigkeit UCS [MPa]	200
Elastizitätsmodul E [GPa]	50
Querdehnungszahl [–]	0,25
einaxiale Zugfestigkeit [MPa]	13,0
Kohäsion [MPa]	35,0
Reibungswinkel [°]	35
Thermische Parameter	
thermische Leitfähigkeit (S) [Wm^{-1}K^{-1}]	3,0
thermische Längenausdehnungskoeffizient [K^{-1}]	$8{,}4 \cdot 10^{-6}$
Wärmekapazität [JKg^{-1}K^{-1}]	960

6.5.2 Referenzdatensätze

Aufgrund der unterschiedlichen Genese und Beanspruchung von Kristallingestein ist von einem lokationsspezifischen thermischen, mechanischen und hydraulischen Verhalten auszugehen. Der in Tabelle 6.4 angegebene Referenzdatensatz ist daher nur für erste Modellrechnungen zur Beurteilung des Wirtsgesteins geeignet und basiert auf den im Forschungsprojekt CHRISTA-II zusammengestellten Werten (Mrugalla et al., 2020; Mrugalla et al., 2021), vornehmlich aus Kenntnissen über Granit. Grundlage hierfür waren im Wesentlichen das Projekt Kontinentale Tiefbohrung Windischeschenbach sowie die Untersuchungsprogramme in Schweden und Finnland und die Untersuchungsprogramme im Felslabor Grimsel. Nähere Angaben finden sich in Becker et al. (2020a). In metamorphen Kristallingesteinen kann es zu größeren Abweichungen aufgrund der vorhandenen mechanischen Anisotropie (Transversalisotropie) kommen.

7
Gebirgsmechanisches Nachweis- und Prognosemodell

7.1 Ziele und Anforderungen

Das gebirgsmechanische Nachweis- und Prognosemodell dient generell der Ermittlung und Bereitstellung der Eingangsdaten für die Langzeitsicherheitsanalysen mit dem Ziel, die gebirgsmechanische und gebirgshydraulische Integrität der geologischen Barriere nachzuweisen. Das übergeordnete Ziel des Nachweises der Einhaltung der Schutzziele wird hierdurch unterstützt. Ausgehend vom Primärzustand wird die Integrität der geologischen Barriere in jedem Fall durch die Auffahrung der untertägigen Hohlräume gestört. Eine Begrenzung dieses Prozesses wird durch eine Minimierung der Hohlräume, den Versatz der Hohlräume und geringe Permeabilitäten der Verschlussbauwerke erreicht. Im günstigsten Fall kann bei viskosem Gebirgsverhalten der ursprüngliche Zustand der Integrität wiederhergestellt werden. Der gebirgsmechanische Nachweis ist dann erbracht, wenn die Nachweiskriterien wie das Dilatanzkriterium und das Fluiddruckkriterium erfüllt werden. Die gebirgsmechanischen Zustandsgrößen sind in die Eingangsgrößen für den Langzeitsicherheitsnachweis zu überführen. Dies sind im Wesentlichen die hydraulischen Widerstände, aber auch die Konvergenzraten. Für eine Migration der Radionuklide in die Biossphäre infolge Advektion ist – nach dem Absaufen des Grubengebäudes – ein hydraulischer Gradient erforderlich, der sich aus der Konvergenz der Hohlräume ergibt.

Das Nachweis- und Prognosemodell ist weitgehend mit dem Ingenieurmodell identisch und beinhaltet daher eine Simplifizierung der realen Verhältnisse. Es ist so zu wählen, dass alle maßgebenden Prozesse in hinreichender Genauigkeit abgebildet werden. Darüber hinaus sollte es so robust sein, dass Änderungen in den Einwirkungen und Widerständen noch mit ausreichender Sicherheit aufgenommen werden können. Den systemimmanenten Ungewissheiten muss durch entsprechende Maßnahmen begegnet werden. Dies ist nicht Gegenstand der vorliegenden Empfehlung, aber Gegenstand aktueller Forschung.

Empehlung Nr. 1, Arbeitskreis 3.8 „Geotechnik in der Endlagerung radioaktiver Abfälle".
Methodische Bewertung der Integrität der geologischen Barriere für Endlager. DGGT e.V. (Hrsg.)

7.2 Konzeptuelles Vorgehen

Das konzeptuelle Vorgehen ist in Abb. 7.1 schematisch dargestellt. Grundlage ist das Endlagersystem mit dem geologischen Modell und dem Endlagerkonzept. Letzteres beinhaltet die erforderlichen Hohlräume mit ihrer Teufenlage, ihrer räumlichen Zuordnung und ihren Lichtraumabmessungen. Hinzu kommen die Einwirkungen

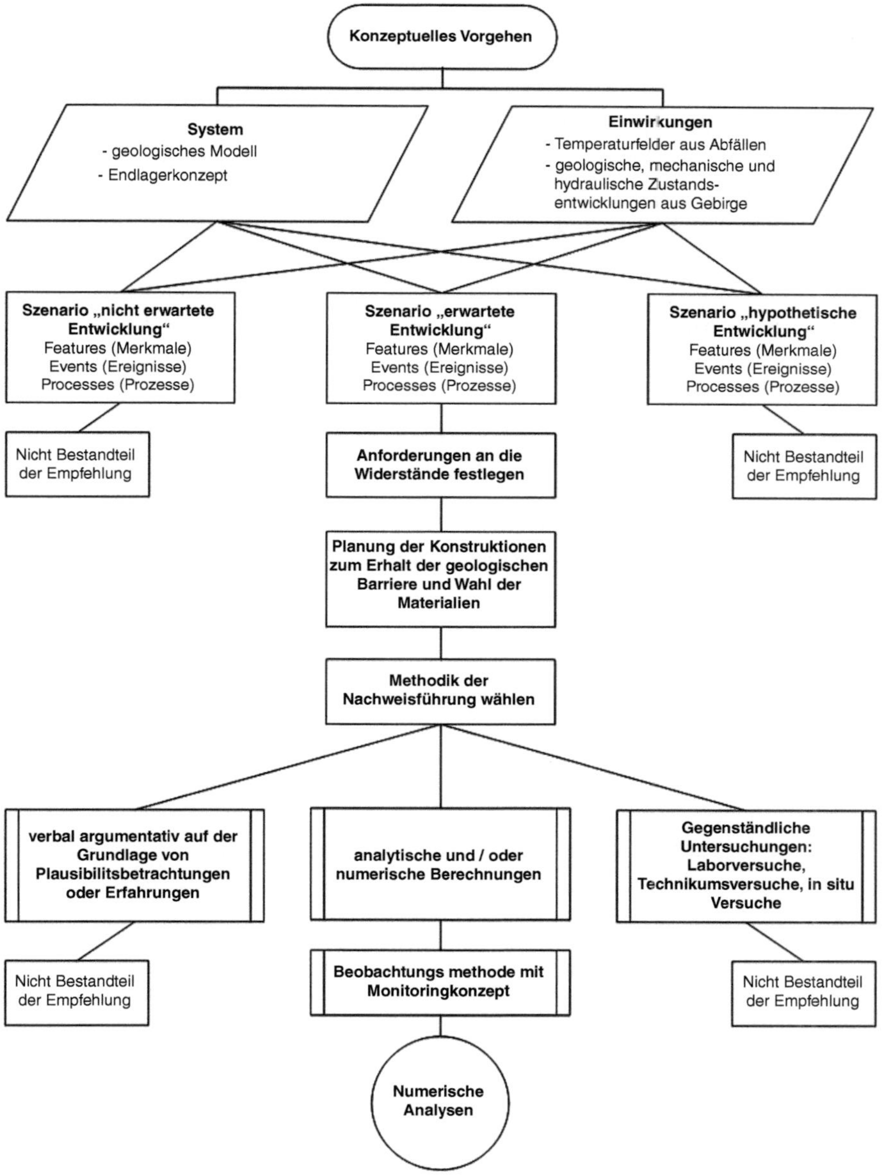

Abb. 7.1 Konzeptuelles Vorgehen für die Untersuchungen: Einwirkungen, Szenario und Methodik.

aus den endzulagernden Abfällen, insbesondere die örtlich und zeitlich veränderlichen Temperaturfelder sowie Einwirkungen aus den geologischen, mechanischen und hydraulischen Zustandsentwicklungen im anstehenden Gebirge. Daran schließt sich eine Szenarienanalyse an, die die erwarteten zukünftigen Entwicklungen, die abweichenden Entwicklungen und die hypothetischen Entwicklungen umfasst. Für alle Szenarien sind die sogenannten FEP (Features [Merkmale], Events [Ereignisse] und Processes [Prozesse]) zu identifizieren. Hierzu existieren FEP-Kataloge (Wolf et al., 2012; NEA, 2019). Im Folgenden wird auf das Szenario „erwartete Entwicklung" fokussiert, die anderen Szenarien sind analog zu behandeln.

Aus den Zielvorgaben des Erhalts des minimalisierten invasiven Eingriffs oder der Wiederherstellung der Integrität der geologischen Barriere sind die Anforderungen an die Widerstände abzuleiten. Dies betrifft im Wesentlichen die Stützung der Hohlräume durch die Ausbausicherung, die Abfälle und den Versatz sowie den hydraulischen Widerstand der Verschlussbauwerke und des Versatzes. Bei der Ermittlung der hydraulischen Widerstände sind die Permeabilitäten der Bauelemente (Ausbausicherung, Abdichtungselement, Versatz etc.), die Kontaktzone zwischen Bauelement und Hohlraumwandung sowie die Auflockerungszone einzubeziehen. Auf der Grundlage der Anforderungen sind dann die technischen und geotechnischen Konstruktionen so zu planen, dass die Nachweiskriterien zur Integrität der geologischen Barriere erfüllt werden. Dies betrifft auch die Wahl der einzusetzenden Materialien. Von großer Bedeutung ist die Beachtung der Interaktionen aus den thermischen, mechanischen, hydraulischen und chemischen Prozessen.

Inhalt dieser Empfehlung ist die Methodik der Nachweisführung anhand von Anforderungen an Eigenschaften der geologischen Barriere und vorgegebener Kriterien. Es sei aber darauf hingewiesen, dass es auch eine alternative Methodik gibt. So besteht beispielsweise die Möglichkeit, die Teilsysteme nur anhand ihrer Eigenschaften und deren zeitliche Entwicklung in die Untersuchungen der Langzeitsicherheitsanalyse einzubeziehen, ohne dass Anforderungen vorgegeben werden. Unabhängig davon können Eigenschaften auf drei verschiedene Arten ermittelt oder festgelegt werden:

- verbal argumentativ auf der Grundlage von Plausibilitätsbetrachtungen oder Erfahrungen,
- durch analytische und/oder numerische Berechnungen oder
- durch gegenständliche Untersuchungen, wie Laborversuche, Technikumsversuche und/oder In-situ-Versuche.

Die vorliegende Empfehlung behandelt im Weiteren die numerischen Analysen als Teil der Beobachtungsmethode. Die ermittelten Ergebnisse aus den numerischen Analysen sind hierbei mit den Ergebnissen der In-situ-Messungen zu Veränderungen der Zustandsgrößen zu vergleichen. Hierzu ist ein geeignetes Monitoringkonzept zu entwerfen und umzusetzen. Vorläufige Sicherheitsanalysen, die systembedingt nicht durch In-situ-Messungen verifiziert werden können, können daher auch nur Hinweise auf die erwartete Entwicklung liefern.

Für die numerischen Analysen sind auf der Grundlage der im Rahmen der erwarteten Entwicklungen identifizierten maßgebenden thermischen, mechanischen, hydraulischen und chemischen Prozesse ein oder mehrere geeignete interagierende Programmcodes zu wählen, mit denen diese Prozesse in ausreichender Tiefe abgebildet werden können (siehe Abb. 7.2). Dies betrifft die implementierten mathematisch-physikalischen Formulierungen, die Lösungsalgorithmen, die Elementbibliothek

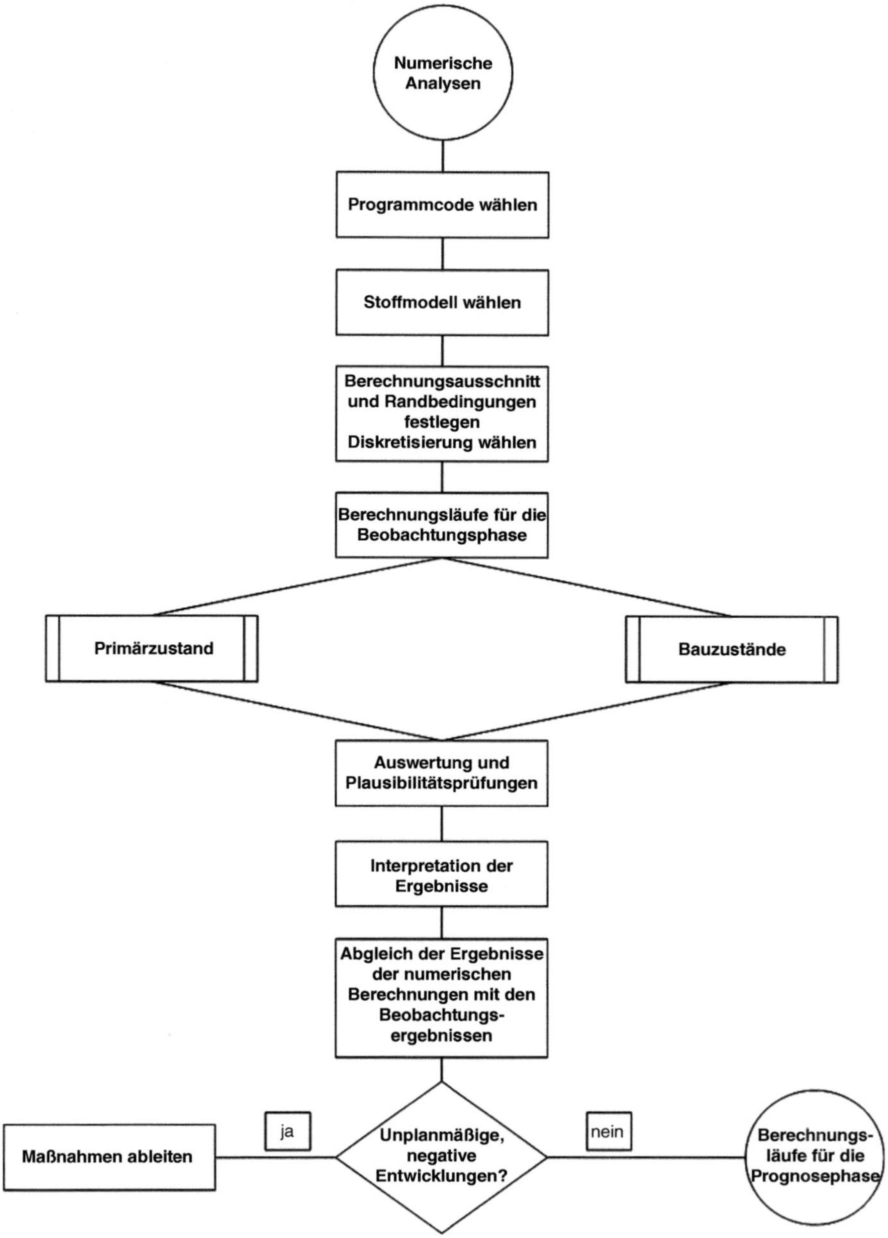

Abb. 7.2 Konzeptuelles Vorgehen für die Beobachtungsphase: numerische Analysen und Abgleich mit den Monitoringdaten.

und die Stoffmodelle. Im Folgenden sind dann der Berechnungsausschnitt und die Randbedingungen festzulegen. Aufgrund der zu erwartenden Größe des Berechnungsausschnittes, der erforderlichen Berücksichtigung der vielfältigen gekoppelten physikalischen Prozesse und der üblicherweise vorhandenen Rechnerkapazitäten können bei der Diskretisierung des Berechnungsausschnittes Einschränkungen notwendig werden. Eine Lösungsmöglichkeit für die daraus resultierenden Konflikte besteht in der Diskretisierung des Berechnungsausschnittes in sich überlappenden Teilsystemen, für die dann Kompatibilitätsbedingungen formuliert werden müssen. In den Berechnungsläufen sind zunächst die primäre Ausgangssituation und danach die im Zuge der Beobachtungsphase auftretenden maßgebenden Zustandsänderungen zu modellieren. Die daraus resultierenden Ergebnisse aus der Beobachtungsmethode bilden die Grundlage für die sich anschließenden Prognoseberechnungen.

Die Prognoseberechnungen sollten mit dem Zustand starten, in dem alle unmittelbar aus den Bauzuständen resultierenden Einwirkungen, wie Hydratation der Baustoffe, abgeschlossen sind (siehe Abb. 7.3). Hierdurch ist es möglich, die Anzahl der in den Berechnungen zu untersuchenden Prozesse zu reduzieren. Die Eingangsdaten für die Berechnungen rekrutieren sich aus den Daten und Ergebnissen der Berechnungen für die Beobachtungsphase. Die Ergebnisse der Analysen sind ebenfalls auszuwerten, auf Plausibilität zu prüfen und zu interpretieren. Wie oben ausgeführt erfolgt die Nachweisführung auf der Grundlage der vorgegebenen Kriterien

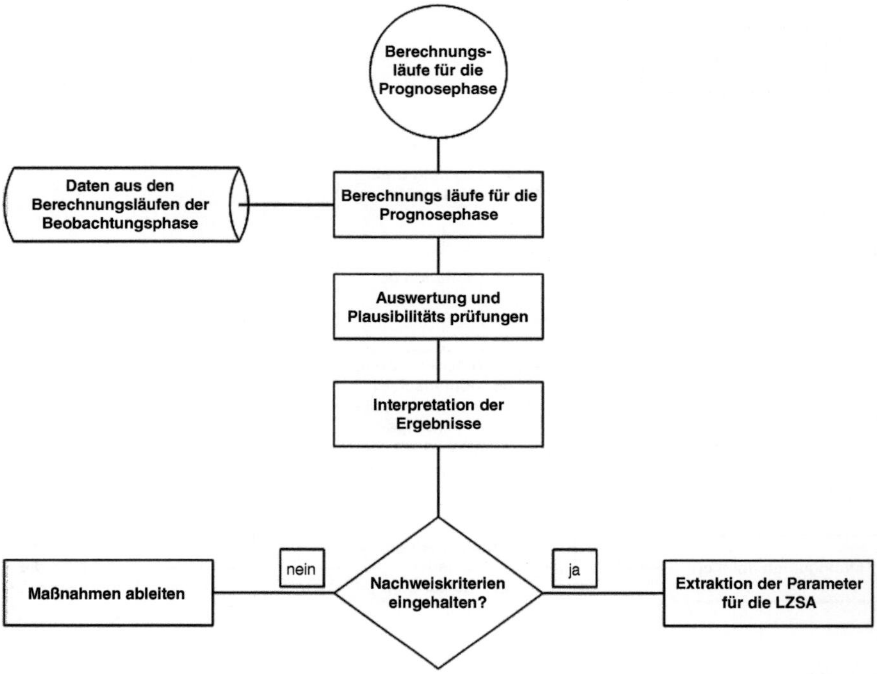

Abb. 7.3 Konzeptuelles Vorgehen in der Prognosephase.

zum Fluiddruck und zur Dilatanz. Die Einhaltung oder Nichteinhaltung dieser Kriterien ist aus den Berechnungsergebnissen abzuleiten. Sind die Kriterien nicht eingehalten, so sind die Ursachen hierfür zu identifizieren. Im Folgenden müssen Maßnahmen hinsichtlich der Eignung des geologischen Modells, des Endlagerkonzepts, der Methodik des Vorgehens, der enthaltenen Konservativitäten etc. geprüft und ggf. umgesetzt werden. Sind die Kriterien eingehalten, so sind die für die Langzeitsicherheit erforderlichen Parameter, im Wesentlichen die hydraulischen Widerstände und die Konvergenz aus den Berechnungsergebnissen abzuleiten. Es sei an dieser Stelle angemerkt, dass auch bei einer Nichteinhaltung der gebirgsmechanisch-gebirgshydraulischen Integritätskriterien die übergeordneten Schutzziele nicht notwendigerweise verletzt werden. Entsprechende Überprüfungen werden empfohlen.

7.3 Numerische Modellierung

7.3.1 Simplifizierung der realen Verhältnisse

Die numerische Modellierung ist neben den ingenieurwissenschaftlichen Modellvorstellungen und den Monitoringkonzepten ein wesentlicher Bestandteil des Ingenieurmodells. Der Zweck eines Ingenieurmodells besteht darin, die realen Verhältnisse so vereinfacht abzubilden, dass eine analytische oder numerische Interpretation ermöglicht wird und gleichzeitig die als wesentlich erkannten Systemmerkmale und Wirkzusammenhänge erhalten bleiben. Auf dem Weg von der Realität und deren Varianz in Raum und Zeit bis zum Ingenieurmodell sind verschiedene Simplifizierungsstufen erforderlich (siehe Abb. 7.4).

Im vorliegenden Fall bedeutet dies zunächst, dass alle physikalischen Prozesse erhalten bleiben, die einen maßgebenden Einfluss auf die Ergebnisse der Berechnungen haben und eine ausreichend genaue Prognose der zukünftigen, nach der Beobachtungsphase auftretenden Zustandsänderungen gewährleisten.

7.3.2 Modellierungskonzept / Teilmodelle

Die Simulation von gekoppelten, nicht linearen physikalischen Prozessen in großen Systemen und in Teilsystemen mit großem Detaillierungsgrad über lange Zeiträume ist durch sehr hohe Anforderungen an die numerische Stabilität der eingesetzten Berechnungsverfahren, die Leistungsfähigkeit der Hard- und Software sowie die Qualität der Modelldiskretisierung charakterisiert. Ein limitierender Faktor ist dabei der Berechnungsaufwand. Um diesen in einer praktikablen Größenordnung zu halten und trotzdem belastbare Aussagen über die Zustandsänderungen zu erhalten, sind unterschiedliche Vorgehensweisen möglich:

(1) Berechnungsausschnitt:
Generalisierung des geologischen Modells und Ausweisung von Homogenbereichen. Ausnutzung der geometrischen Symmetrie bei geeigneten geologischen Eigenschaften und Randbedingungen. Wahl einer geeigneten Modellgröße.

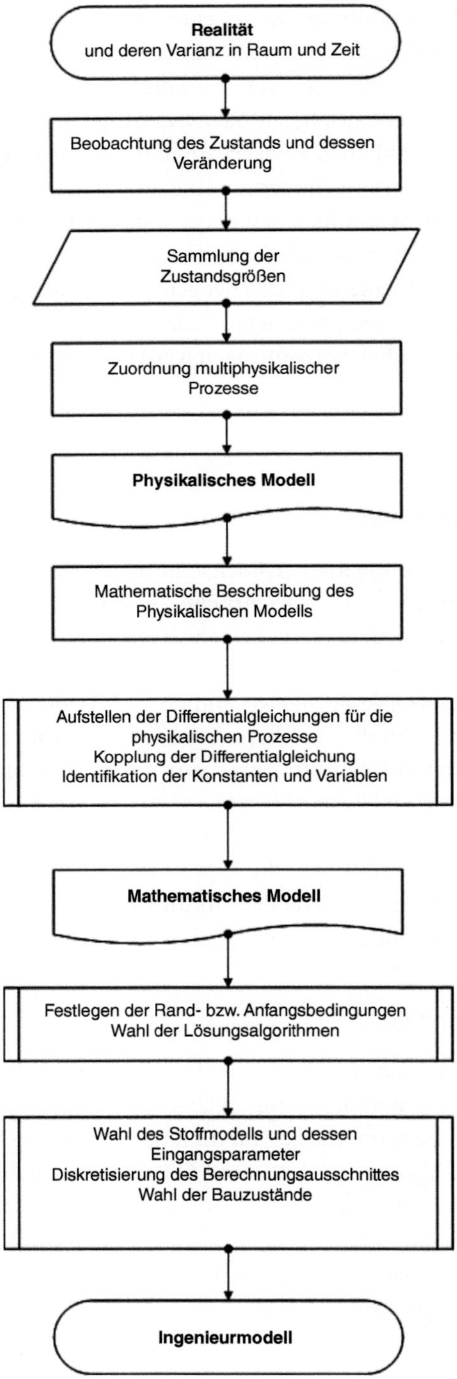

Abb. 7.4 Realität – Ingenieurmodell.

(2) Entwicklung einer anforderungsspezifischen Untersuchungsstrategie:
Untersuchungen an einem Gesamtberechnungsmodell mit mehreren Modellen mit unterschiedlichem Detaillierungsgrad sowie Verwendung von sich überlappenden Teilmodellen mit entsprechenden Kompatibilitätsbedingungen. Reduktion auf die die Zielstellung dominierenden physikalischen Prozesse. Untersuchung von Prozessen an generischen Modellen. Einteilung des Gesamtberechnungsausschnittes in Kompartimente mit geringer gegenseitiger Beeinflussung und entsprechenden Schnittstellendefinitionen.
Solche Kompartimente können z. B. sein:

- das Nahfeld um die Einlagerungsfelder mit den eingebrachten Abfällen sowie den technischen und geotechnischen Elementen (Behälter, Buffer, Versatz, Ausbau etc.) und Auflockerungszone,
- der einschlusswirksame Gebirgsbereich, ggf. mit Schächten und Strecken sowie der zugehörigen Schacht- und Streckenverschlüsse im Gesamtsystem (Deck- und Nebengebirge sowie unterlagernde Gebirgsbereiche).

Generell können die einzelnen Berechnungsmodelle unterschiedlich hinsichtlich der Ausnutzung von Symmetrien, ebener oder räumlicher Modellierung oder auch zu untersuchender Prozesse konzeptioniert werden. Beim Zusammenfügen der Modelle ist auf die Übertragbarkeit und Widerspruchsfreiheit der Ergebnisse zu achten.

(3) Nachweiszeitraum:
Der gesetzlich vorgegebene Nachweiszeitraum beträgt 1 Mio. Jahre. Berechnungen, die diesen Zeitraum umfassen, sind allerdings nicht unbedingt erforderlich, sondern ihre Notwendigkeit ergibt sich aus der Dauer und Relevanz der Einwirkungen. Wie oben bereits erwähnt sind Einwirkungen, die unmittelbar den Bauzuständen zuzuordnen sind, nur temporär zu berücksichtigen. Dies trifft auch auf die Temperaturfeldänderungen infolge des Wärmeeintrags durch die Abfälle zu. Studien (KOSINA, VSG) zeigen, dass zumindest beim Salz relevante Temperaturfeldänderungen nach einigen Jahrhunderten bis zu wenigen Jahrtausenden abgeklungen sind. Danach können Spannungsfeldänderungen weiter relevant sein. Bei einer stetigen Entwicklung kann dann geprüft werden, ob diese Änderungen noch negative Einflüsse auf das Einhalten der übergeordneten Schutzziele haben. Eine ausschließliche Überprüfung der stetigen Reduktion der hydraulischen Widerstände ist nicht geeignet, da dies auch zu anderen an Relevanz zunehmenden Ausbreitpfaden führen kann. Sind keine negativen Einflüsse mehr zu erwarten, kann die Berechnung beendet werden.

7.3.3 Gekoppelte Prozesse

Multiphysikalische Prozesse können einzeln oder miteinander interagierend, d. h. gekoppelt simuliert werden. Bei einer Simulation der Einzelprozesse ist es erforderlich, die Interaktionen in der Interpretation und der Superposition auf der Grundlage

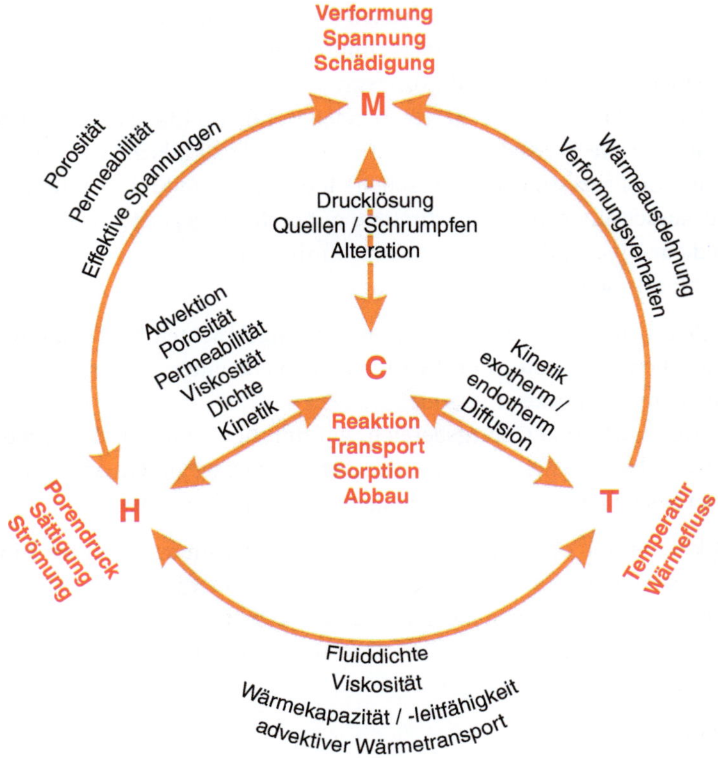

Abb. 7.5 Prozesse (rot) und deren Kopplungen (orange bzw. schwarz) (aus Maßmann & Ziefle, 2017).

von Modellvorstellungen zu bewerten. Genauer und auch oftmals realitätsnäher sind gekoppelte Berechnungen. Bei Ansatz thermisch-hydraulisch-mechanisch (und ggf. auch chemisch) gekoppelter Berechnungen, sogenannter THM(C)-gekoppelter Berechnungen, lässt sich daher ein realitätsnäheres genaueres Prozessverständnis erzielen (siehe Abb. 7.5).

Der Berechnungsaufwand steigt hierdurch an. Derartige Berechnungen wurden in den letzten Jahren aber verstärkt vorgenommen und dürften auch zukünftig weiter an Bedeutung gewinnen.

Dabei ist zu berücksichtigen, dass die physikalischen Prozesse und auch deren Kopplung bei den verschiedenen Wirtsgesteinen unterschiedlich zu bewerten sind. So weisen Steinsalz und auch die Matrix des Kristallingesteins eine im Vergleich zu Tonstein nahezu vernachlässigbar geringe Porosität auf. Damit sind bei Steinsalz im ungeschädigten Zustand gekoppelte HM-Prozesse weit weniger relevant als im Tonstein. Im Folgenden werden basierend auf Maßmann & Ziefle (2017) und Maßmann et al. (2022) die grundlegenden Ansätze zur Berechnung von Prozessen und deren Kopplung im Hinblick auf die Analysen zur Integrität des Barrieregesteins kurz dargestellt:

Prozesse:

- Thermische Prozesse (T) beschreiben den Transport und Speicherung von Wärme, d. h., das Temperaturfeld und dessen Änderung. Die primäre Variable ist in den meisten Fällen die Temperatur T. Im porösen Medium werden für die wichtigsten Parameter Wärmeleitfähigkeit, Wärmekapazität und Wärmeausdehnung über die verschiedenen Phasen gemittelte Werte verwendet, um die verschiedenen Eigenschaften von Festkörper und Fluid zu berücksichtigen. Die wichtigste Wärmequelle resultiert aus der Zerfallswärme der Abfälle. Außerdem muss der geothermische Temperaturgradient berücksichtigt werden.
- Hydraulische Prozesse (H) beschreiben das hydraulische Druckfeld und die damit einhergehende Strömung von Fluiden (Gase bzw. Lösungen). Meist wird der Ansatz von Darcy gewählt, womit ein linearer Zusammenhang zwischen Druckdifferenz und Fließgeschwindigkeit angenommen wird. Da nicht notwendigerweise eine vollständige Sättigung vorliegt, sind auch Teilsättigungszustände zu berücksichtigen. Die Teilsättigung beschreibt einen Zustand, bei dem die Poren nur zu einem Teil mit Wasser oder Salzlösung und zum anderen Teil mit Gas ausgefüllt sind. Die durch die Auffahrung und anschließende Bewetterung entstehende Absenkung des Porendrucks und die Entwicklung einer ungesättigten Zone haben insbesondere im Tongestein wesentliche Auswirkungen auf die Entwicklung des ewG und werden deshalb bei den Berechnungen berücksichtigt. Ein relevanter Gasdruck entsteht vor allem durch korrosionsbedingte Gasbildung an metallischem Inventar. Bei den in den Projekten RESUS und ANSICHT durchgeführten Nachweisberechnungen wird angenommen, dass der Gasdruck durch geeignete technische Maßnahmen so gering bleibt, dass er nur Auswirkungen auf das Nahfeld der Grubenbaue hat und die Integrität des Barrieregesteins nicht wesentlich beeinflusst. Diese Annahme muss standortspezifisch geprüft werden.
- Mechanische Prozesse (M) beschreiben das Spannungs-Verzerrungsverhalten von Gebirge und Baustoffen. Die primäre Variable ist meist der Vektor der Verschiebungen. Abgeleitete Variablen sind beispielsweise die Spannungen und Verzerrungen. Je nach Materialmodell kommen weitere Größen für die Beschreibung des Einflusses der Belastungsgeschichte, sogenannte innere Variable, hinzu. Während beim Salzgestein wegen seines zeitabhängigen Verformungsverhaltens primär Kriechmodelle eingesetzt werden, wird im Tongestein (und analog auch im Kristallingestein) für die Fernfeldmodellierung ein linear-elastisches Stoffmodell verwendet. Nichtlineare Eigenschaften des spröd-duktilen Materialverhaltens werden im Tongestein hingegen im Nahfeld der Grubenbaue erwartet und meist mittels elasto-plastischer Ansätze erfasst. Hier sind ggf. weitere Anpassungen notwendig, wenn umfangreichere Daten vorliegen.
- Wärmeausdehnung (T→M, T→H): Eine Änderung der Temperatur bewirkt eine Dichteänderung der festen und fluiden Phasen. Die resultierenden Volumenänderungen führen abhängig von der Porosität, der Einspannung und den Dränagebedingungen zu Änderungen des Spannungszustandes und der Strömungsvorgänge. Im gering durchlässigen Medium können durch Temperaturerhöhungen somit

signifikante Porendruckanstiege resultieren. Da diese Prozesskopplung im Tongestein einen wesentlichen Einfluss auf die Integrität haben kann, sollte sie bei den Berechnungen berücksichtigt werden.

- Thermisch induzierte Änderungen von Materialkennwerten (T→M, T→H): Fast alle Materialkennwerte sind mehr oder weniger temperaturabhängig. So wird das Verformungsverhalten, insbesondere das Kriechen, von der Temperatur beeinflusst. Bezüglich der hydraulischen Eigenschaften ist die Änderung der Fluidviskosität von besonderer Bedeutung, da sich durch Änderung der Viskosität im betrachteten Temperaturbereich die Fließgeschwindigkeiten sich um den Faktor 3 ändern können. Weitere Eigenschaftsänderungen werden bei den Berechnungen meist vernachlässigt, da davon ausgegangen wird, dass sie nur im Nahfeld der Grubenbaue einen wesentlichen Einfluss haben.
- Chemisch induzierte Änderungen von Materialkennwerten (C→M, C→H): Durch Stoffumwandlung und Transport können sich die Kennwerte für das Deformationsverhalten verändern. So kann bei Tongesteinen beispielsweise eine Alteration aufgrund der Oxidation von Fe^{2+} zu Fe^{3+} zu Materialschädigungen führen. Wichtige hydraulische Eigenschaften, wie die Dichte und die Viskosität von Lösungen, sind abhängig von der Menge an gelösten Stoffen, die sich in Abhängigkeit vom Temperaturfeld ändern können. Konzentrationsänderungen oder Änderungen in der Zusammensetzung der Porenfluide können in quellfähigen Materialien zu veränderten Quelldruckentwicklungen führen.
- Wärmetransport (H→T): Der advektive Wärmetransport ist durch das Strömungsfeld definiert. Solange nur kleine Verformungen auftreten und der Festkörper integer bleibt, kann die Festkörperbewegung als advektiver Wärmetransportmechanismus vernachlässigt werden. Durch die geringen Fließgeschwindigkeiten im Barrieregestein ist auch der advektive Wärmetransport durch Fluide nur von untergeordneter Bedeutung. Eine Berücksichtigung findet z. B. für Prozesse in Versatzmaterialien statt. Da Wasser bzw. Lösung, Gas und Festkörper unterschiedliche thermische Eigenschaften aufweisen, beeinflusst der Sättigungsgrad den Wärmetransport.
- Änderungen der Porosität (M→H): Die Abhängigkeit zwischen einer Volumenveränderung durch Deformation und einer Änderung des Porenraums wird durch den Biot-Koeffizienten bestimmt, der sich aus dem Verhältnis der Kompressibilität der festen Phase zur Kompressibilität der porösen Gesteinsmatrix ableitet. Eine deformationsbedingte Änderung der Porosität resultiert in einer transienten Änderung des Porendrucks. Ist das Untersuchungsmaterial wassergesättigt und nur gering durchlässig, kann eine volumetrische Verformung aufgrund der geringen Kompressibilität des Porenwassers zu großen Porenwasserdruckänderungen führen.
- Änderung der Permeabilität (M→H): Änderungen von Anteil (Porosität) und Gestalt des Porenraums führen zu Änderungen der Gesteinspermeabilität. Eine der wesentlichen Ursachen für derartige Porenraumänderungen sind mechanische Prozesse. Entsprechend des dominierenden Vorgangs werden

Permeabilitätsänderungen oft in Abhängigkeit von Porositätsänderungen, totalen, elastischen oder plastischen Verzerrungen, Spannungsänderungen oder Schädigungsvariablen ausgedrückt. Bei den Berechnungen zur Langzeitsicherheit wird aktuell davon ausgegangen, dass sich die Änderung der Permeabilität auf das Nahfeld der Grubenbaue beschränkt und keinen wesentlichen Einfluss auf die Integrität des Barrieregesteins hat.

- Prinzip der effektiven Spannungen: (H→M): Nach dem Prinzip der effektiven Spannungen sind die totalen äußeren Spannungen eines porösen Mediums durch die Summe aus den Spannungen im Fluid und denen im Korngerüst definiert. Das bedeutet, dass eine Änderung der Porendrücke Spannungsumlagerungen im Korngerüst zur Folge hat. Wenn eine fluide Phase vorhanden ist, wird dieser Effekt bei den Berechnungen berücksichtigt.
- Quellen und Schrumpfen (H→M) (nur für Tonsteine relevant): Quellen und Schrumpfen sind relevante Phänomene im teilgesättigten Tongestein. Die Wassereinlagerung zwischen den Tonplättchen führt zu einer Volumenvergrößerung. Dies kann durch eine sättigungsabhängige Dehnung (wie in der Thermomechanik) oder einen zusätzlichen Spannungsterm modelliert werden. Im Rahmen von Berechnungen zum Nachweis der Integrität geologischer Barrieren wird davon ausgegangen, dass sich die Auswirkungen von Quellen und Schrumpfen auf das Nahfeld der Grubenbaue beschränken und keinen wesentlichen Einfluss auf die Integrität des Barrieregesteins außerhalb des Nahfelds der Grubenbaue haben.

7.4 Stoffmodelle

7.4.1 Einführung

Der Integritätsnachweis für die geologische Barriere erfordert geeignete Instrumentarien. Dazu gehören insbesondere physikalisch fundierte, in numerische Rechenprogramme implementierte Stoffmodelle, mit denen das thermisch-hydraulisch-mechanische Verhalten des jeweiligen Wirtsgesteins unter verschiedenen Einwirkungen[11] beschrieben und verlässlich in die Zukunft extrapoliert werden kann.

Mit den heutigen Rechnerkapazitäten ist die Diskretisierung selbst großer Gesamtsysteme mit dem Grubengebäude sowie dem Deck- und Nebengebirge und dem unterlagernden Gebirge möglich, jedoch im Hinblick auf die detaillierte Abbildung von Nah- und Fernfeld immer noch eine Herausforderung im Hinblick auf die erforderlichen Rechenzeiten. Darüber hinaus werden die Genauigkeit und Zuverlässigkeit der Berechnungsergebnisse und der auf deren Grundlage getroffenen Vorhersagen entscheidend durch die Eignung der eingesetzten Stoffmodelle und Modellierungsverfahren zur Abbildung der real ablaufenden Prozesse bestimmt.

[11] Von größtem Interesse sind der Temperaturbereich zwischen 20 °C und 100 °C (bzw. im Salz bis 200 °C, abhängig vom jeweiligen Endlager- bzw. Sicherheitskonzept) sowie effektive Spannungen bis zu etwa 25 MPa, was dem lithostatischen Druck in einer Teufe von etwa 1000 m entspricht.

Welche modelltechnische Idealisierung für die Repräsentativität eines Materials geeignet ist, hängt wesentlich von den zu betrachtenden Belastungsbedingungen ab und bestimmt die für die Anwendung relevanten Materialeigenschaften. Aufgrund der lithologisch unterschiedlichen Eigenschaften sind wirtsgesteinsspezifische Stoffmodelle zu verwenden.

Gleichzeitig haben Verfahrensweisen bei der Bestimmung charakteristischer, gesteinsspezifischer Parameterkennwerte sowie methodische Vorgehensweisen (Diskretisierung, Wahl des Stoffmodells und ebener oder räumlicher Verzerrungszustand) bei der numerischen Modellierung von untertägigen Strukturen im Barrieregestein einen entscheidenden Einfluss auf die Genauigkeit und Aussagekraft der Berechnungsergebnisse zur Beschreibung und zum Verhalten eines Endlagersystems (vgl. Kap. 6).

7.4.2 Steinsalz

Entsprechend seiner lithologischen Beschreibung ist Steinsalz ein extrem niedrigporöses Gestein, das abhängig von der geologischen Situation als nahezu monomineralisch aus Halit ausgebildet sein kann.

Im ungestörten Zustand ist die natürliche Porosität von Steinsalz (< 2 %) auf voneinander isolierte lokale Hohlräume an den Korngrenzen beschränkt, da es (unter Ausschluss möglicher Löseprozesse) im ungestörten Salzgestein zunächst keine verbundenen Fließwege gibt. Wirkt auf das Salzgestein ein Fluiddruck infolge Lösung oder Gas, so kann ein Fluid nicht in das Salz eindringen, sofern die kleinste Hauptspannung im Salz größer als der angreifende Fluiddruck ist. Diese Dichtheit des Salzgesteins wird durch zahlreiche natürliche Analoga belegt, wie etwa durch die aufgrund des tertiären Vulkanismus natürlich entstandenen und mit CO_2-gefüllten Hohlräume im Salzgestein an der Werra, in denen Gase in überkritischem Zustand über Jahrmillionen eingeschlossen wurden (Popp et al., 2007b).

Bei Belastungen mit Änderungen der Spannungsrandbedingungen (vgl. Kap. 4.2) reagiert Steinsalz mit elastischen, plastischen und visko-plastischen Verformungen. Ein wesentliches Charakteristikum von Steinsalz ist als Verformungsmechanismus das sogenannte „Kriechen", bisweilen auch als „Fließen" bezeichnet. Damit ist das zeit- bzw. ratenabhängige Spannungs-Verformungsverhalten von Steinsalz gemeint, das durch duktile Deformationen ohne sichtbaren makroskopischen Kriechbruch gekennzeichnet ist.

Ursächlich für das Kriechen sind die mikrostrukturell wirkenden Verformungsmechanismen, wie sie in Abb. 7.6 in Form einer Mechanismenkarte in Abhängigkeit von den thermischen und mechanischen Bedingungen dargestellt sind. Danach dominiert unter endlagerspezifischen Belastungsbedingungen bei erhöhten Spannungen (> 5–10 MPa) das Versetzungskriechen das Materialverhalten, während bei geringen effektiven Spannungen, wie sie bei natürlichen Randbedingungen in Salzformationen vorherrschen, Drucklösungs- und Ausfällungsprozesse von überwiegender Bedeutung sind. Insgesamt besteht ein umfassendes Verständnis der ablaufenden mikrostrukturellen Prozesse.

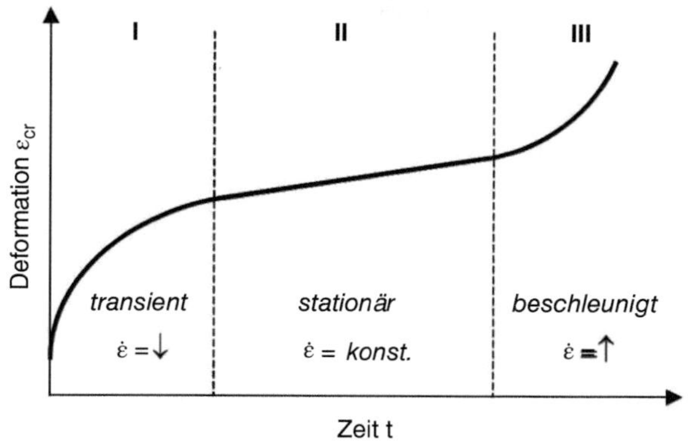

Abb. 7.6 Kriechversuch mit Kriechphasen (nach Günther, 2009).

Makroskopisch wird das als Kriechen beschriebene Langzeitverformungsverhalten von Steinsalz in drei Abschnitte unterteilt:

(1) transientes Kriechen infolge der Verfestigung und Erholung von Steinsalz,
(2) stationäres Kriechen und
(3) tertiäres Kriechen bis zum sogenannten Kriechbruch.

Abhängig von den Spannungs- und Verformungsrandbedingungen können sich dabei Schädigung und Dilatanz[12] entwickeln (Auflockerung, volumetrischen Verformung) (vgl. Abschnitt 5.2.1), die bis zum Versagen führen können. Verschieben sich die Verformungsrandbedingungen wieder auf ein Niveau unterhalb der Dilatanzgrenze, resultieren eine Schädigungsrückbildung und Verheilung.

Jedes dieser Verformungsphänomene muss durch die Stoffmodelle unter dem Einfluss diverser Randbedingungen wie Spannungszustand, Temperatur und Verformungsrate in einem weiten in-situ relevanten Wertebereich modelliert werden.

In den vergangenen Jahrzehnten wurde in Deutschland von verschiedenen Arbeitsgruppen ein umfangreiches, experimentelles und theoretisches Know-how zur Salzmechanik erarbeitet. Auf dieser Grundlage sind eine Reihe fortschrittlicher Stoffmodelle und Verfahrensweisen für die Ermittlung charakteristischer Kennwerte und die numerische Behandlung anspruchsvoller Simulationsaufgaben entwickelt und angewendet worden. Ein Überblick gibt das BMBF-Verbundvorhaben I zum Stoffgesetzvergleich (01.04.2004–30.11.2006), wobei es sich in der Mehrheit um empirische Modellansätze handelt (Hampel et al., 2015).

Die aktuellen Stoffmodelle für Steinsalz basieren auf unterschiedlichen theoretischen Annahmen und Modellvorstellungen und lassen sich grob in verschiedene

---

[12] Im Vergleich zu Metallen ist das Dilatanzverhalten von Steinsalz wesentlich ausgeprägter, was von Weidinger (1998) auf die deutlich geringere Zugfestigkeit von Steinsalz gegenüber Metallen zurückgeführt wird.

Klassen einteilen (Hinweise für die verschiedenen Stoffmodelle mit ihren Abkürzungen, siehe Hampel et al. [2015]):

(1) Mikrophysikalisch begründete Stoffmodelle, z. B. CDM,
(2) Makroskopisch-phänomenologische Stoffmodelle, z. B. BGRa,
(3) strukturadaptierende Stoffmodelle, z. B. Günther/Salzer und
(4) Rheologische viskoelastisch-plastische Stoffmodelle, z. B. Minkley, Lux/Wolters, KIT_{Modell}, Lubby-MDCF, TUBSsalt, Munson-Dawson (nur Kriechen).

Salzgesteine, insbesondere solche in tektonisch überprägten Strukturen (z. B. Salzstöcke), sind in guter Näherung als isotrop anzusehen, weshalb die gegenwärtig verwendeten Stoffmodelle solche für isotrope Materialien sind. Bei Salzgesteinen in flacher Lagerung könnte aufgrund der Sedimentationsgefüge auch transversale Isotropie in Betracht gezogen werden. Wegen der geringen Porosität sind porendruckbedingte Einflussprozesse vernachlässigbar.

7.4.3 Tongesteine

Tongesteine sind allgemein sehr komplexe Gesteine, die sich durch viele Mineralphasen, Schichtungsanisotropie und starke mechanisch-hydraulisch gekoppelte Prozesse auszeichnen. In der Konsequenz existiert auch hier eine große Vielfalt an Stoffmodellen.

Im Folgenden wird daher nicht auf konkrete konstitutive Formulierungen eingegangen, sondern es wird eine Synthese im Kontext bestimmter Materialeffekte angestrebt.

Tongesteine sind poröse Mehrphasenmedien mit Porositäten häufig zwischen 10 % und 20 %. Der Porenraum ist dabei initial mit Porenwasser gesättigt. Grundsätzlich sind in dem einer Sickerströmung unterliegenden Tonsteingebirge daher zeitgleich mechanische und hydraulische Prozesse wirksam, die miteinander in Wechselwirkung stehen. Dabei wirken die im Fall der Sickerströmung aus dem hydraulischen Prozess entstehenden Kräfte zusätzlich zu den im Festkörperskelett selbst übertragenen Kräften und führen letztlich zu einer Änderung der Spannungs- und Verzerrungszustände.

Infolge der Auffahrung und der Offenhaltung sowie des Verfüllens und Verschließens der Endlagergrubenbaue (Infrastruktur, Einlagerung) und der Wärmefreisetzung im Fall der Einlagerung hoch radioaktiver Abfälle sowie der Gasbildung werden im Nah- und Fernfeld des Endlagers zunächst thermomechanische (TM) Prozesse ablaufen. Infolge des grundsätzlich vorhandenen Porenwassers im Tongestein sind bereits in der Normalentwicklung des Endlagersystems weiterhin auch hydraulische (H) Prozesse zu erwarten, die dann auch mit den mechanischen und thermischen Prozessen in Wechselwirkung (THM) stehen.

Verstärkt wird die Komplexität dieser gekoppelten Prozesse, wenn darüber hinaus auch die geochemischen Interaktionen (C) zwischen Porenwasser und Gestein,

Abfällen und auch Behältnissen sowie Ausbau-, Versatz- und Verschlussmaterialien Berücksichtigung finden. Hierbei sind die Einflüsse von Temperaturanstieg/-abfall, von Austrocknung und Wiederaufsättigung, von Änderungen des Porendruckes, von Quellung bzw. Schrumpfung und Kompaktion, von Auflockerung (Schädigung) und Wiederverheilung sowie von Gaserzeugung und -migration ebenso zu untersuchen wie von Korrosion, Alterung oder Sorption. Wie bereits beschrieben bleibt ein Teil dieser Prozesse in seinem Einfluss jedoch im Wesentlichen auf das Nahfeld begrenzt.

Aufgrund seiner Genese kann das Gebirge typischerweise als transversal isotrop angesehen werden. Diese Anisotropie betrifft dabei nicht nur die mechanischen, sondern auch die thermischen und hydraulischen Eigenschaften des Materials, also neben Steifigkeit und Festigkeit beispielsweise auch Wärmeleitfähigkeit und Permeabilität. Weiterhin von Bedeutung für das Tragverhalten können schichtungs- bzw. schieferungsbedingte Anisotropien der Materialeigenschaften sein wie z. B. reduzierte Bruchfestigkeiten in Schichtungsflächen sowie ein tektonisch induziertes Trennflächengefüge, das dem Gebirge aufgeprägt ist und in der Tendenz zu einer Verschlechterung der Materialeigenschaften führt, z. B. Zunahme der Deformationsfähigkeit, Abnahme der Festigkeit und Zunahme der Permeabilität.

Neben der bergbaulich induzierten Permeabilitätszunahme ist auch die Möglichkeit einer nachfolgenden Permeabilitätsabnahme insbesondere bei Betrachtung des Nahfeldes zu berücksichtigen. Risse und Poren in Tongesteinen können infolge der Quellfähigkeit einiger Tonminerale und/oder durch den Aufbau kriechbedingter Kompaktionsdrücke verschlossen und ggf. verheilt werden, so dass entstandene Fluidwegsamkeiten im Lauf der Zeit bei veränderten Milieu- oder Beanspruchungsbedingungen auch rückgebildet werden können.

Bei der physikalischen Modellierung des Materialverhaltens des Tongesteins sind daher insbesondere zu unterscheiden:

- die Deformationseigenschaften mit ratenabhängigen und -unabhängigen Anteilen sowie im Falle plastischer Deformationen zwischen dilatanten bzw. kontraktanten Verformungen,
- die Festigkeitseigenschaften mit Spitzenfestigkeit, Restfestigkeit und Gefügefestigkeit sowie dem Entfestigungsverhalten und gegebenenfalls einer Rückbildung der Gefügeschädigungen,
- die Richtungsabhängigkeit von Eigenschaften (z. B. Festigkeit und Steifigkeit) infolge der gefügeinduzierten Gesteinsanisotropie sowie
- die hydraulischen Eigenschaften mit primärer und sekundärer Permeabilität sowie ggf. Aspekte zweiphasiger Strömungen.

Wegen der Komplexität der in Tongesteinen stattfindenden Prozesse im Endlager ist es sinnvoll, Teilaspekte des oben beschriebenen Verhaltens schrittweise zu beschreiben und insbesondere bei Fernfeldbetrachtungen die Möglichkeit von Vereinfachungen zu prüfen.

7.4.4 Kristallingestein

Kristallingesteine zeichnen sich durch eine hohe Druckfestigkeit aus, was sich positiv auf die langfristige Stabilität der Grubenräume auswirken kann. Allerdings ist bei der Modellierung des mechanischen Verhaltens hinsichtlich Gefüge und Gesteinseigenschaften zu prüfen, inwieweit die Gesteine homogen und ob stoffliche bzw. gefügeinduzierte Anisotropieeffekte zu berücksichtigen sind. Der Grund dafür liegt in der Gesteinsgenese.

Während es sich bei granitischen Gesteinen zumeist um bezüglich des Gesteinsgefüges regellose, d. h. in den resultierenden Gesteinseigenschaften isotrope Intrusivgesteine handelt, sind beispielsweise Gneise metamorphe Gesteine, welche aus einer Umwandlung von Sedimentgesteinen (Paragneise) oder aus magmatischen Gesteinen (Orthogneise) durch hohe Drücke und Temperaturen entstanden sind. Als Folge weisen diese zumeist eine Einregelung der gesteinsbildenden Minerale auf, woraus neben der kristallgitterinduzierten auch eine gefügeinduzierte Anisotropie resultiert. Deshalb wird empfohlen, zur Beschreibung der Richtungsabhängigkeit der Eigenschafften von beispielsweise Gneisen mindestens ein transversal isotropes Stoffmodell für thermo-hydro-mechanische Simulationsrechnungen zu verwenden.

Abhängig von der jeweiligen Eigenschaft können sich die Materialparameter richtungsabhängig deutlich unterscheiden. Für Gneise oder Schiefer ist beispielsweise die Berücksichtigung einer möglichen transversalen Isotropie für die Abschätzung des mechanischen Grundspannungszustands notwendig. Die Nichtberücksichtigung von elastischen Anisotropieeffekten kann sowohl zu einer Fehleinschätzung der Hauptspannungsrichtungen als auch zu inkorrekten Spannungsmagnituden führen. Im Weiteren kann daraus auch eine Fehleinschätzung des Deformations- und Bruchverhaltens resultieren.

Wie in Abschnitt 5.2.1 beschrieben beginnt Dilatanz durch die Ausbildung von Mikrorissen im Gestein. Es ist zu erwarten, dass die Dilatanz am größten im Nahfeld des anthropogen aufgefahrenen Hohlraums (Grubenräume etc.) ist, wo der biaxiale Spannungszustand an der Kontur vereinfachend als einaxial beschrieben werden kann. Der Prozess der Rissbildung beginnt bei kristallinen Gesteinen, wenn die Spannungs-Dehnungskurve vom linear-elastischen Verhalten abweicht. Dies erfolgt in der Regel vor dem Erreichen der Bruchdehnung. Bei höherer mechanischer Druckbelastung wachsen die Mikrorisse und fangen an, sich zu vernetzen (Perkolation). Bei zunehmenden Spannungen kommt es entlang der verbundenen Mikrorisse zum Scherversagen über einen makroskopischen Bruch im entsprechenden Gebirgsabschnitt. Mit zunehmender Distanz zum Hohlraum wechselt der Spannungszustand von dem zweidimensionalen in den dreidimensionalen Zustand, wodurch die Druckfestigkeit infolge kleinerer Deviatorspannungen zunimmt. Aufgrund der vergleichsweise geringen Teufe eines potenziellen Endlagers dürfte das Deformationsverhalten von

Kristallingestein ausschließlich spröde/brüchig[13] charakterisiert sein, was im Einzelfall zu prüfen ist.

Hinsichtlich thermischer Rissbildungen liegen in der Literatur vergleichsweise wenige Daten vor. Basierend auf Wang et al. (1989) ist anzunehmen, dass sich in granitischen Gesteinen unter einem Umgebungsdruck von 28 MPa ab einer absoluten Temperatur von ~200 °C Risse ausbilden. Das bedeutet, dass ausgehend von einer hypothetischen In-situ-Gebirgstemperatur von ~30 °C und einer entsprechenden Überlagerung, bei einer Temperaturerhöhung um 170 K durch die Einlagerungsbehälter thermische Rissbildungen nicht ausgeschlossen werden können. Gleichzeitig sind anisotrope Gesteinseigenschaften (thermische Dehnung) zu berücksichtigen.

Für die Beschreibung der hydraulischen Eigenschaften von Kristallingesteinen (und -gebirgen) ist aufgrund des hydraulischen Kontrastes eine strikte Unterscheidung zwischen Felsmatrix und Trennflächen erforderlich. Die Trennflächen sind maßgebend für advektive und diffusive Prozesse. Die Porosität der Felsmatrix kann mit < 1 % angenommen werden, woraus eine hohe Dichtigkeit resultiert. Für die Beschreibung des hydraulischen Verhaltens klüftiger Gesteine können näherungsweise Kontinuumsmodelle als äquivalent poröses Medium auf Basis der Darcy-Gleichung oder diskrete Rechenansätze auf Basis von Diskontinuumsansätzen mit Beschreibung von Kluftströmungen genutzt werden.

Für die hydromechanische Kopplung wird angenommen, dass die hydraulische Kluftöffnung und die mechanische Kluftöffnung äquivalent sind. Die Kopplung von Durchfluss, Porendruckänderung, und Kluftöffnung wird beschrieben durch:

$$Q = \frac{a^3 w}{\mu} \nabla P$$

mit Q als Durchfluss, μ als dynamische Viskosität, a als Kluftöffnungsweite, w als Länge der Kluft, entlang der ein Fluiddruck wirkt, und ∇P Gradient des Strömungsdruckabfalls.

Die gekoppelte mechanische Antwort der Klüfte, welche sich aus den Porendruckänderungen ergibt, ist durch die Normal- und Schersteifigkeit der Klüfte bestimmt. Beide Parameter folgen nichtlinearen Gesetzmäßigkeiten (Bandis et al., 1981).

Für numerische Simulationsberechnungen auf der Grundlage der Kontinuumsmechanik hat sich das sogenannte „verschmierte Modell“ etabliert. Hierbei werden die Permeabilitäten der Trennflächenscharen und die Permeabilitäten der Gesteinsmatrix in eine homogenisierte Permeabilität des durchströmten Querschnitts überführt und in einem meist anisotropen Permeabilitätstensor berücksichtigt (z. B. Thiedau et al., 2021). In numerischen Simulationen auf der Grundlage von Diskontinuitätsansätzen (z. B. Itasca 3DEC oder LLNL GEOs), in welchen die Trennflächenscharen und die Gesteinsmatrix explizit darstellbar sind, kann das

[13] In einer angenommenen Lagertiefe von 900 m beträgt die Vertikalspannung etwa 27 MPa und die Felstemperatur ~30°C.

hydromechanische Verhalten der Trennflächenscharen und der Gesteinsmatrix getrennt vorgegeben werden. Die Vor- und Nachteile beider Ansätze sind projekt- und zielspezifisch abzuwägen.

7.5 Auswertung der Berechnungen

Die Auswertung der Berechnungen richtet sich nach den Zielsetzungen für das gebirgsmechanische Nachweis- und Prognosemodell. Primär sind die für die Langzeitsicherheitsanalysen zum Nachweis der Einhaltung der Schutzziele erforderlichen Eingangsdaten bereitzustellen. Dies sind im Wesentlichen die hydraulischen Widerstände und die für die Migration der Radionuklide verantwortlichen gebirgsmechanischen Antriebsmechanismen, wie die Konvergenz der Grubenräume oder die Temperaturfeldänderungen. Die Bewertung der Integrität der geologischen Barriere erfolgt auf der Grundlage der Nachweiskriterien. Für das Dilatanzkriterium sind die Berechnungen daher hinsichtlich der Spannungen und Dehnungen auszuwerten und die Dilatanz bzw. Schädigung in den betroffenen Gebirgsbereichen auszuweisen. Dies gilt analog für das Fluiddruckkriterium. Auf der Grundlage dieser Ergebnisse ist der ewG dann auszuweisen.

Aufgrund systemimmanenter Ungewissheiten in der Modellbildung sind darüber hinaus aber auch alle berechneten Zustandsgrößen und deren Veränderungen auszuwerten, die für ein vertieftes Systemverständnis erforderlich sind. Um dies zu erreichen, sollten die Empfehlungen des Arbeitskreises Numerik in der Geotechnik und hier insbesondere Kap. 5 angewandt werden (EANG, 2014). Weiterhin sollten die Berechnungen so ausgewertet werden, dass die für die Anwendung der Beobachtungsmethode erforderlichen Zustandsgrößen und deren Veränderungen für die Lokationen vorliegen, in denen auch die Messquerschnitte angeordnet werden.

7.6 Sensitivitätsanalysen

Zur weiteren Vertiefung des Systemverständnisses und zur Einschätzung der Robustheit des Systemverhaltens sollten Sensitivitätsanalysen durchgeführt werden. Die konkrete Auswahl der zu variierenden Modellparameter und physikalischen Prozesse sollte projektspezifisch auf der Grundlage der aus den experimentellen und numerischen Untersuchungen gewonnenen Erfahrungen erfolgen. Dabei sollten generell Parameter mit einer großen Streubreite und Parameter mit einer großen Einflusstiefe in der Auswahl Berücksichtigung finden. Eine Variation der Parameter über Plausibilitätsbereiche hinaus kann für die Erweiterung des Systemverständnisses hilfreich sein. Hierbei ist aber sehr darauf zu achten, dass die Ergebnisse derartiger Untersuchungen nicht unzulässig gewürdigt werden.

Sensitivitätsanalysen können weiterhin zur Bewertung von Ungewissheiten genutzt werden, wie exemplarisch in Maßmann et al. (2022) dargestellt. Diese Zielsetzung ist nicht Gegenstand der vorliegenden Empfehlung.

8

Bewertung der Integrität der geologischen Barriere

8.1 Vorbemerkung

Voraussetzung für die Einhaltung der Schutzziele ist der sichere Einschluss mit Rückhaltung der Radionuklide durch die geologischen, geotechnischen und technischen Barrieren im ewG (vgl. Kap. 3.1). Hierbei ist die hydraulische Barrierewirkung die maßgebliche. Die potenziellen Wirtsgesteine Steinsalz und Tongestein weisen eine hydraulische sowie mechanische Barrierewirkung auf (vgl. Kap. 2.1). Für kristallines Hartgestein kann aufgrund des hydraulisch wirksamen Trennflächeninventars nur dann von einer hydraulischen Barrierewirkung ausgegangen werden, wenn partielle einschlusswirksame Gebirgsbereiche in ausreichender Mächtigkeit ausgewiesen werden können (siehe Abb. 3.5). Sollte dies nicht möglich sein, kann die geologische Barriere nur hinsichtlich der mechanischen Barrierewirkung angesetzt werden. Für den Nachweis des sicheren Einschlusses der radioaktiven Abfälle im einschlusswirksamen Gebirgsbereich im kristallinen Hartgestein sind folglich die geotechnischen und technischen Barrieren maßgebend. Aus diesem Grund sind die nachfolgenden Empfehlungen für die Bewertung der Integrität der geologischen Barriere für kristallines Hartgestein nur bedingt anwendbar. Die nachfolgenden Abschnitte beziehen sich primär auf die Bewertung der Integrität der geologischen Barriere im Steinsalz und Tongestein.

Nach StandAG ist die Bewertung der Integrität und Robustheit der geologischen Barriere für einen Nachweiszeitraum von 1 Mio. Jahren durchzuführen. Die geomechanischen Untersuchungen zur Integrität sind für einen Zeitraum durchzuführen, bis sicher gezeigt werden kann, dass entsprechend der weiteren Endlagersystementwicklung keine Integritätsverletzung zu erwarten ist. Beispielsweise wird für die Einlagerung wärmeproduzierender Abfälle in flachgelagerten Salzformationen (vgl. Anhang A. 2) gezeigt, dass sich nach Durchlaufen des Temperaturpulses (ca. 1000 Jahre) die im Barrieregestein eingetragenen Schädigungsprozesse zeitlich degressiv entwickelt haben. Dieser Betrachtungszeitraum muss mindestens durch die numerischen Integritätsanalysen abgedeckt sein.

Empehlung Nr. 1, Arbeitskreis 3.8 „Geotechnik in der Endlagerung radioaktiver Abfälle“.
Methodische Bewertung der Integrität der geologischen Barriere für Endlager. DGGT e.V. (Hrsg.)

8.2 Anforderungen an den sicheren Einschluss

Voraussetzung für den Nachweis des sicheren Einschlusses der endgelagerten radioaktiven Abfälle ist der Nachweis der Integrität. Der sichere Einschluss ist gegeben, wenn die an den Grenzen des einschlusswirksamen Gebirgsbereichs bei der zu erwartenden Entwicklung des Endlagers potenziell austretenden Fluide nicht zu einer Überschreitung der in der EndlSiAnfV definierten Grenzwerte führen. In der Konsequenz ist es im Rahmen der geomechanisch-geohydraulischen Beurteilung der Integrität der geologischen Barriere nicht zwingend erforderlich aufzuzeigen, dass die Integrität insgesamt gegeben ist, da grundsätzlich auch Zustände denkbar sind, bei denen zwar die Integrität der geologischen Barriere temporär, partiell oder auch großräumig verletzt ist, die Kombination aus der Volumenrate austretender Fluide und ihrer Radiotoxizität aber nicht zu einer Überschreitung der für den Nachweis des sicheren Einschlusses relevanten Grenzwerte führt.

Die Beurteilung der Integrität geologischer Barrieren erfolgt unter Verweis auf die Ausführungen in Kap. 2.3 und Kap. 6 auf der Grundlage der Integritätskriterien. Merkmale für die Beurteilung der Integrität geologischer Barrieren im Sinne der vorstehenden Definition sind entsprechend Kap. 6

(1) das Dilatanzkriterium,
(2) das Fluiddruckkriterium,
(3) das Temperaturkriterium des Barrieregesteins und
(4) das Advektionskriterium.

Bei Einhaltung der oben genannten Kriterien ist die Integrität der geologischen Barriere aus geomechanischer Sicht nachgewiesen. Unabhängig davon muss die Einhaltung der Schutzziele auf Basis standort- und projektbezogener Grenzwerte im Rahmen der Anforderungen des übergreifenden und zusammenfassenden radiologischen Langzeitsicherheitsnachweises mit Bestätigung des sicheren Einschlusses belegt werden.

Eine temporäre und/oder lokale Verletzung eines der vorstehend unter (1) bis (4) genannten Kriterien bedeutet in der Konsequenz nicht zwangsläufig, dass der sichere Einschluss der endgelagerten radioaktiven Abfälle nicht nachgewiesen werden kann. Vielmehr ist entsprechend den nachfolgenden Ausführungen zu zeigen, dass die am Rand des einschlusswirksamen Gebirgsbereichs (ewG) ggf. austretenden kontaminierten Fluide bzgl. Menge und Radiotoxizität die gemäß Strahlenschutzverordnung festgelegten Grenzwerte einhalten.

Die für den zahlenmäßigen Nachweis der Integrität der geologischen Barriere bzw. den räumlich enger gefassten einschlusswirksamen Gebirgsbereich gemäß StandAG und EndlSiAnfV vorgegebenen und vorstehend mit (1) bis (4) spezifizierten Kriterien sind unter Verweis auf Kap. 3.2 von sogenannten geowissenschaftlichen Abwägungskriterien abzugrenzen, die vom AkEnd als grundsätzliche Anforderungen für den Nachweis einer „günstigen geologischen Gesamtsituation“ für die Auswahl eines potenziellen Endlagerstandortes zusammengestellt worden sind.

8.3 Konsequenzen einer Integritätsverletzung

In vorläufigen Berechnungen zur Barrierenintegrität (z. B. KOSINA, VSG und ANSICHT) wurde beobachtet, dass lokal und/oder temporär in Teilen der geologischen Barrieren Integritätskriterien verletzt sein können. Deshalb müssen die entsprechenden Konsequenzen ermittelt und bewertet werden.

8.3.1 Konsequenzen einer Verletzung des Dilatanzkriteriums

Das Dilatanzkriterium ist ein mechanisches Kriterium. Es sagt aus, dass die Integrität einer a priori gering permeablen bis impermeablen Gebirgsformation, die als geologische Barriere wirksam sein soll, dann als nachgewiesen gilt, wenn der in der Barriere ausgewiesene sekundäre Spannungszustand keine dilatanten Verformungen in den anstehenden Barrieregesteinen erzeugt. Vorstehende Aussage ist gleichbedeutend mit dem Nachweis, dass die im Konturbereich untertägiger Hohlräume induzierten Auflockerungszonen sowie plastischen Zonen sich nicht so weit in Richtung der Deck- oder Nebengebirgsformationen entwickeln, dass keine ausreichend intakten Gebirgsbereiche mehr nachweisbar sind und dadurch keine sekundären Migrations- bzw. Fließwege mit erhöhter Permeabilität zwischen der Biosphäre und dem untertägigen Tragsystem entstehen.

Vorstehende Bedingung muss, abhängig vom übergeordneten Nachweis des sicheren Einschlusses, für einen hinreichend mächtigen Gebirgsbereich und den Betrachtungszeitraum erfüllt sein und kann nur standort- und projektbezogen bewertet werden, da bei viskosen bzw. viskoplastischen Materialien wie Salz- und Tongesteinen die Mächtigkeit dilatanter Gebirgsbereiche über den Nachweiszeitraum zeitabhängig und damit veränderlich ist und durch potenzielle Verheilungseffekte grundsätzlich auch eine Rückbildung dilatant verformter Gebirgsbereiche erfolgen kann. Daher sind auch Randbedingungen denkbar, bei denen die langfristige Integrität der geologischen Barriere bzw. der geologischen Formation durch eine evtl. zeitbezogen noch hinreichend mächtige Zone dilatanzfreier Gebirgsbereiche nachgewiesen werden kann.

Welche Mächtigkeit der einschlusswirksame Gebirgsbereich aufweisen muss, für den das mechanische Kriterium eingehalten werden muss, ist standort- und projektbezogen festzulegen. Angesichts der natürlichen Streuung des Materialverhaltens geologischer Formationen in Verbindung mit dem geforderten Nachweiszeitraum von 1 Mio. Jahren kann zunächst auch ohne Standortbezug vermutet werden, dass die erforderliche Mächtigkeit eher im Dekameterbereich und weniger im Meterbereich anzusetzen ist. Im Rahmen der VSG wurde eine Mindestmächtigkeit der geologischen Barriere Salz von 50 m festgelegt (Minkley & Popp, 2010).

8.3.2 Konsequenzen einer Verletzung des Fluiddruckkriteriums

Das Fluiddruckkriterium ist ein hydraulisches Kriterium. Es sagt aus, dass die Integrität einer Gebirgsformation, die als geologische Barriere wirksam sein soll, dann als nachgewiesen gilt, wenn die minimale Hauptspannung in der Barriere größer als der jeweils teufenabhängig berechnete theoretische hydrostatische Druck ist (vgl. Kap. 5.2.2). Wird die vorstehende Bedingung für einen hinreichend mächtigen Bereich der geologischen Barriere erfüllt, besteht unter der Voraussetzung eines trennflächenfreien Gebirges und eines im primären Zustand gering permeablen Gesteins keine Möglichkeit einer fluiddruckgetriebenen Migration potenziell zusitzender Wässer aus dem Deckgebirge.

Bei Ton- und Salzgesteinen kann es infolge rheologischer Kriechprozesse zu Spannungsumlagerungen kommen, die auch zu einer Veränderung der minimalen Hauptspannung führen. In Gebirgsbereichen, in denen das Fluiddruckkriterium zunächst verletzt wird, d. h., der Fluiddruck die minimale Hauptspannung überschreitet, kann es bei einem Ansteigen der minimalen Hauptspannung dadurch zu einer Unterschreitung des Kriteriums zu späteren Zeitpunkten kommen.

Bezüglich der erforderlichen Mächtigkeit des Gebirgsbereichs, in dem das Fluiddruckkriterium unterschritten wird, gelten im Grundsatz die für das Dilatanzkriterium vorliegenden Ausführungen analog. Hinsichtlich der Relevanz der beiden Kriterien ist festzustellen, dass das Dilatanzkriterium eher im Nahfeld der Grubenräume überschritten sein dürfte, wo hingegen eine Überschreitung des Fluiddruckkriteriums deutlich räumlich ausgedehnter sein kann.

In der Konsequenz ist davon auszugehen, dass das Dilatanzkriterium von besonderer Bedeutung für die Bewertung der Integrität geotechnischer Barrieren ist, während das Fluiddruckkriterium von besonderer Bedeutung für den Nachweis der geologischen Barriere sein wird.

8.3.3 Konsequenzen einer Verletzung des Temperaturkriteriums

Das Temperaturkriterium ist ein thermisches Kriterium (vgl. Kap. 0). Es sagt aus, dass die Integrität einer Gebirgsformation, die als geologische Barriere wirksam sein soll, dann als nachgewiesen gilt, wenn die durch die Wärmeenergie der endgelagerten radioaktiven Abfälle induzierte Erhöhung der Gebirgstemperatur keine signifikanten Änderungen der Gesteinseigenschaften generiert.

Eine auch nur temporäre Überschreitung des Temperaturkriteriums kann durch eine entsprechende Konfiguration des Endlagers vermieden werden. Durch eine der Endlagerung vorausgehende rechnerische Analyse des sich abhängig von der bekannten Wärmeleistung der abzulagernden Abfälle zeitlich und räumlich entwickelnden Temperaturfeldes ist eine Verletzung des Temperaturkriteriums folglich planmäßig auszuschließen.

Ausgehend von den im StandAG festgelegten Grenztemperaturen kann für Salzgestein davon ausgegangen werden, dass bei einer Verletzung des

Temperaturkriteriums keine geomechanische Integritätsverletzung stattfindet. Im Falle Tongestein bzw. Kristallingestein (bei Verwendung von geotechnischen Barrieren auf Bentonitbasis) ist die Festlegung einer abschließenden Grenztemperatur zum Ausschluss einer Integritätsverletzung noch Gegenstand der Forschung.

8.3.4 Advektionskriterium

Wie bereits in Kap. 5.2.4 ausgeführt ist das Advektionskriterium nicht mehr Bestandteil der EndlSiAnfV. Unabhängig davon wird empfohlen, die entsprechenden Untersuchungen zur Betrachtung des Indikators Advektion durchzuführen und zu bewerten. Grundlage dafür sind die radiologischen Sicherheitsnachweise.

Anhang A

Beispiele zu Integritätsanalysen für Salzgestein in flacher Lagerung und Tongestein

A.1 Vorgehensweise Integritätsnachweis

Entsprechend Kap. 7.2 werden basierend auf dem geologischen Modell, dem technischen Endlagerkonzept und den zu erwartenden Entwicklungen ein Basisfall definiert und thermisch-hydraulisch-mechanisch (THM-) gekoppelte Berechnungen durchgeführt, die einen Zeitraum von einer Million Jahre abdecken. Ziel ist es, das Systemverhalten zu analysieren und mit Hilfe von Auswertungen, die auf den Integritätskriterien basieren, potenzielle Versagensmechanismen aufzuzeigen und damit exemplarisch die Vorgehensweise bei der Integritätsanalyse zu illustrieren.

Im Folgenden wird diese Vorgehensweise anhand zweier Beispiele aus Forschungsarbeiten an generischen geologischen Systemen zur Integrität von Salzgestein in flacher Lagerung bzw. Tongestein mit großer Mächtigkeit demonstriert.

A.2 Salzgesteine: „Flache Lagerung – Salzkissen“

Im Rahmen des BMWi-Vorhabens KOSINA (Konzeptentwicklung für ein generisches Endlager für wärmeentwickelnde Abfälle in flach lagernden Salzschichten in Deutschland sowie Entwicklung und Überprüfung eines Sicherheits- und Nachweiskonzeptes – Laufzeit: 01.07.2015–30.04.2018) wurden thermo-mechanisch-hydraulisch gekoppelte Modellberechnungen zur Integrität der geologischen Barrieren an zwei unterschiedlichen generischen Endlager- bzw. Wirtsgesteinskonstellationen (flache Lagerung bzw. Salzkissen) durchgeführt und bewertet.

Hier wird exemplarisch die Modellstudie zur Situation „Salzkissen“ betrachtet, wie sie als geologische Situation für verschiedene potenzielle Endlagerlokationen in Mitteldeutschland repräsentativ sein kann (für Details, siehe Liu et al., 2018).

A.2.1 Referenzmodell – Geologische Situation / Einlagerungskonzept

Das in Abbildung A.1 dargestellte, in der Länge ca. 12,5 km umfassende Referenzmodell für das Salzkissen weist für den Einlagerungshorizont z2Na (Staßfurt-Steinsalz) eine maximale Mächtigkeit von ca. 600 m in einer minimalen Teufe von 460 m u. GOK und eine Salzbasis in ungefähr 1100 m u. GOK auf. Eine detaillierte Beschreibung der geologischen Gesamtstruktur mit den spezifischen Einheiten des Salinars sowie des Deck-, Neben- und Grundgebirges ist in Völkner et al. (2017) dargestellt.

Als repräsentative Homogenbereiche werden in der Salinarformation acht idealisierte lithologisch-stratigraphische Einheiten berücksichtigt. Oberhalb des Einlagerungsbereichs bzw. des darüber liegenden carnallitisch ausgebildeten Kalilagers (z2SF) folgen zum Hangenden hin die Leine-Formation (z3, u. a. mit dem grauen Salzton und dem Hauptanhydrit sowie den verschiedenen darauffolgenden Steinsalzpartien und dem Kaliflöz Ronnenberg) und die Aller-Formation (z4, u. a. mit dem Roten Salzton und dem Aller-Steinsalz). Das Deckgebirge wird durch drei Homogenbereiche berücksichtigt: den Folgen z5–z7 mit dem unteren und mittleren Buntsandstein, dem Tertiär und dem überlagernden Quartär. Zum Liegenden folgen als Teil der salinaren Folgen u. a. der Werra-Anhydrit und das Werra-Karbonat, die als Grundgebirge durch das Rotliegende (bestehend aus Sandsteinen) unterlagert sind.

Ausgehend von dem endzulagernden radioaktiven Inventar wurden verschiedene Einlagerungsvarianten mit unterschiedlichen Behälterkonzepten (u. a. in horizontalen Strecken mit Castoren oder vertikalen Bohrlöchern mit verschiedenen Kokillentypen) betrachtet (vgl. Kap. 3). Auf Basis thermischer Auslegungsrechnungen (u. a. mit Berücksichtigung der behälterspezifischen Wärmeentwicklung mit den

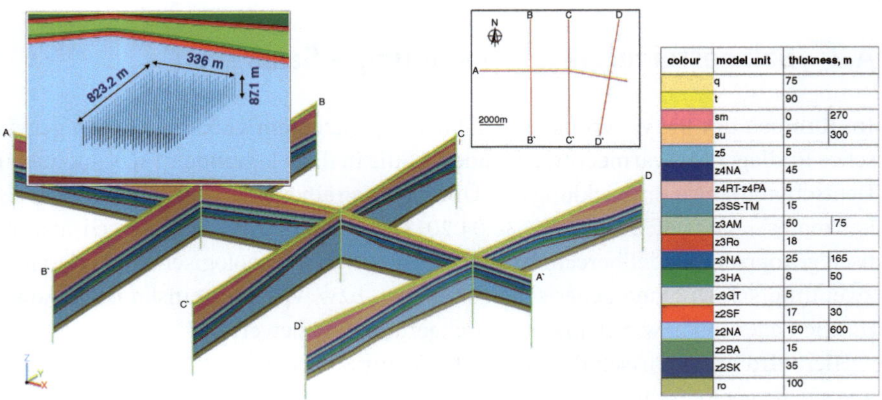

colour	model unit	thickness, m	
	q	75	
	t	90	
	sm	0	270
	su	5	300
	z5	5	
	z4NA	45	
	z4RT-z4PA	5	
	z3SS-TM	15	
	z3AM	50	75
	z3Ro	18	
	z3NA	25	165
	z3HA	8	50
	z3GT	5	
	z2SF	17	30
	z2NA	150	600
	z2BA	15	
	z2SK	35	
	ro	100	

Abb. A.1 Geologisches Referenzmodell „Salzkissen" (Längsschnitt mit drei Querprofilen) mit den stratigrafischen Modelleinheiten (nach Völkner et al., 2017). Das Inset (links oben) zeigt schematisch die modellierte Anordnung und Feldes-Dimensionen der Bohrlochlagerung.

Wirtsgesteinseigenschaften sowie einer Auslegungstemperatur $T_{max} \leq 200$ °C sowie Sicherheitsabständen zum Carnallitit) wurde die Einlagerungsgeometrie mit dem notwendigen Platzbedarf optimiert.

Die weiteren Ergebnisse beziehen sich auf den Modellfall „Bohrlochlagerung", wie er als Inset in Abb. A.1 dargestellt ist.

A.2.2 Vorgehensweise Integritätsanalyse

Die Integritätsanalysen wurden unter Anwendung der in Kap. 5.2 dargelegten Kriterien für die wahrscheinlichen Entwicklungen durchgeführt. Dabei kamen zwei unterschiedliche Modellkonzepte (Berechnungsprogramme und Stoffmodelle) zur Anwendung, wobei in den beiden Programmen unterschiedliche Stoffmodelle implementiert sind:

- BGR: das Finite-Elemente-Programm JIFE (Faust et al., 2016), u. a. Stoffmodell BGRa und BGRb sowie dem r_v-Konzept nach Hunsche (2003) – 3D-Modell
- IfG: die Distinct-Element-Codes UDEC (2D) bzw. 3DEC (3D) (ITASCA 2011, 2013); u. a. visko-elasto-plastisches Modellkonzept nach Minkley (2004) – 2,5D-Scheiben-Modell

Das 3D-Modell für die Einlagerungsvariante „vertikale Bohrlochlagerung" (siehe ausschnittsweise Abb. A.1) weist eine Länge von 5336 m, eine Breite von 3323 m und eine Höhe von 3574 m auf. Hohlräume wie z. B. Richtstrecken, Querschläge und Einlagerungsstrecken werden in diesem Modell nicht berücksichtigt.

Das IfG-Scheibenmodell für die vertikale Bohrlochlagerung hat unter Ausnutzung der Symmetrie eine Dicke von 16,8 m (halber Bohrlochabstand in out-of-plane-Richtung).

Für die ausgewiesenen Homogenbereiche wurden auf Basis von „Expert Judgement" synthetische Datensätze der thermo-mechanischen Eigenschaften festgelegt, die im Wesentlichen den Extrakt von umfangreichen Laboruntersuchungen für Standorte in Mitteldeutschland (u. a. Teutschenthal, Staßfurter Raum, Bernburg und Scholle von Calvörde – Zielitz sowie den Südharz, u. a. mit Sondershausen, Bleicherode) repräsentieren.

Ausgangspunkt beider Modellansätze bildet die zeitabhängige Wärmeleistung der radioaktiven Abfälle, die bei BGR als Flächenquelle angesetzt und bei IfG für jedes mit Behältern beladene Bohrloch berechnet wurde, womit auch das Nahfeld der Ablagerungshohlräume betrachtet werden kann.

A.2.3 Berechnungsergebnisse

Die Wärmefreisetzung im Einlagerungsbereich führt zu einer instationären Wärmeausbreitung sowie zu thermisch induzierten Spannungen und Verformungen, die über einen Zeitraum von 10 000 Jahren berechnet wurden. Die Einlagerungsvariante „vertikale Bohrlochlagerung" hat flächenbezogen die höchste thermische

Energiedichte, was bedeutet, dass hier auch die höchsten Belastungen der Barriere zu erwarten sind.

Bezüglich der Berechnungsergebnisse ist anzumerken, dass die nachfolgend diskutierten Effekte zwar qualitativ gleich abgebildet werden, was die grundsätzliche Richtigkeit der daraus abgeleiteten Aussagen bestätigt, aber im Detail quantitative Unterschiede in der Temperaturverteilung aufgrund der unterschiedlichen Berechnungsverfahren vorliegen.

- **Temperaturfeld / Vertikale Verschiebungen (Hebungen)**

Die Temperatur an der Behälteroberfläche im Zentrum des Einlagerungsfeldes steigt auf ca. 185 °C (siehe Abb. A.2a) innerhalb von etwa 280 Jahren an (bei BGR: 147 °C nach 214 Jahren). Der Wärmeeintrag erreicht den Salzspiegel verzögert und führt zu einer maximalen Temperaturänderung von ca. 15 °C nach etwa 2500 Jahren. Die Temperaturänderung am Salzspiegel ist damit geringer als beispielsweise in den (hier nicht gezeigten) Berechnungen zur flachen Lagerung, was hauptsächlich auf den größeren Abstand des Salzspiegels zum Einlagerungsbereich im Salzkissen zurückzuführen ist. Nach Erreichen des Maximums gehen die Temperaturen langsam zurück, allerdings ist der Ausgangszustand am Ende des Betrachtungszeitraumes von 10 000 Jahren noch nicht erreicht. An der Geländeoberkante wird keine signifikante Temperaturzunahme beobachtet.

Die thermisch induzierte Expansion im Einlagerungshorizont führt zum Einsetzen eines Hebungsprozesses oberhalb des Einlagerungsbereichs (siehe Abb. A.2). Die Hebungen an der Tagesoberfläche erreichen in der IfG-Modellierung einen Maximalwert von ca. 3,3 m nach ca. 1000 Jahren, d. h. also lange nachdem das Temperaturmaximum in und um den Einlagerungsbereich auftrat (bei BGR Maximalwert: 2,4 m nach 908 Jahren). Sämtliche Hebungen klingen nachfolgend bis zum Ende der Berechnung nur sehr langsam ab.

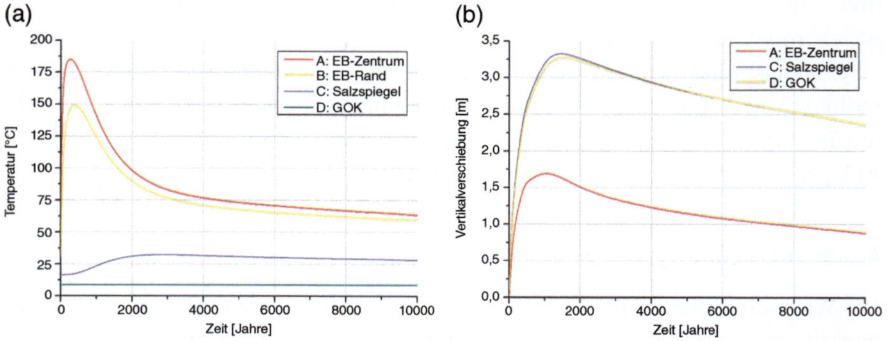

Abb. A.2 Ergebnisse aus den 2D-Modellberechnungen der vertikalen Bohrlochlagerung – Salzkissen (aus Liu et al., 2018); (a) Temperaturentwicklung; (b) Vertikalverschiebungen.

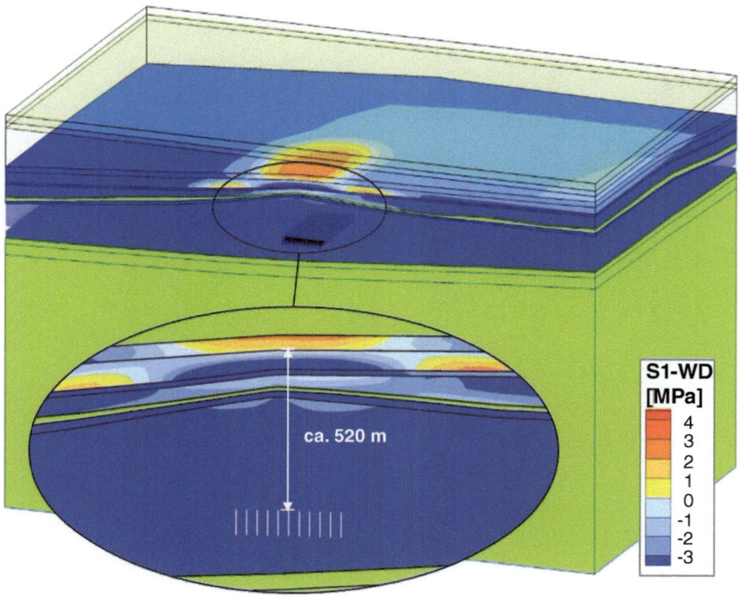

Abb. A.3 Fluiddruckkriterium 82 Jahre nach Einlagerung aus der 3D-Modellberechnung (BGR) für die vertikale Bohrlochlagerung – Salzkissen, mit detaillierter Seitenansicht (aus Liu et al., 2018).

- **Überprüfung Fluiddruckkriterium**

Abbildung A.3 zeigt zum Zeitpunkt 82 Jahre nach Einlagerung die berechnete Differenz zwischen der kleinsten Hauptdruckspannung S_1 und dem in der jeweiligen Teufe hypothetisch möglichen Fluiddruck p_{Fl} im Salzgebirge. Gelb bis rot eingefärbt sind die hypothetisch fluiddruckgefährdeten Bereiche. Die grünen und zum Teil transparent dargestellten Bereiche sind das Deck- und Grundgebirge sowie der Hauptanhydrit. Das Fluiddruckkriterium S_1-W_D wird bereits nach ca. 9 bis 380 Jahren in der Schicht des Aller-Steinsalzes NA4 bis maximal 50 m unterhalb des Salzspiegels verletzt.

Zwischen der Einlagerungssohle und den potenziell fluiddruckgefährdeten Bereichen existiert mindestens eine 520 m mächtige Barriere im Salinar. Somit entstehen keine Wegsamkeiten zwischen Deckgebirge und Endlager. Das Fluiddruckkriterium wird rechnerisch in der gesamten Salzbarriere nach 616 Jahren wieder erfüllt.

- **Überprüfung Dilatanzkriterium**

Die berechneten dilatanten Bereiche im Salzgebirge sind in Abb. A.4 in Rot dargestellt. Die grünen und zum Teil transparent dargestellten Bereiche sind das Deck- und Grundgebirge sowie der Hauptanhydrit. Das Dilatanzkriterium wird lokal im Aller-Steinsalz NA4 bis maximal 50 m unterhalb des Salzspiegels zentral über dem Einlagerungsbereich verletzt. Die dilatante Zone bildet sich in einem Zeitraum von 20 bis 82 Jahren nach Einlagerung aus.

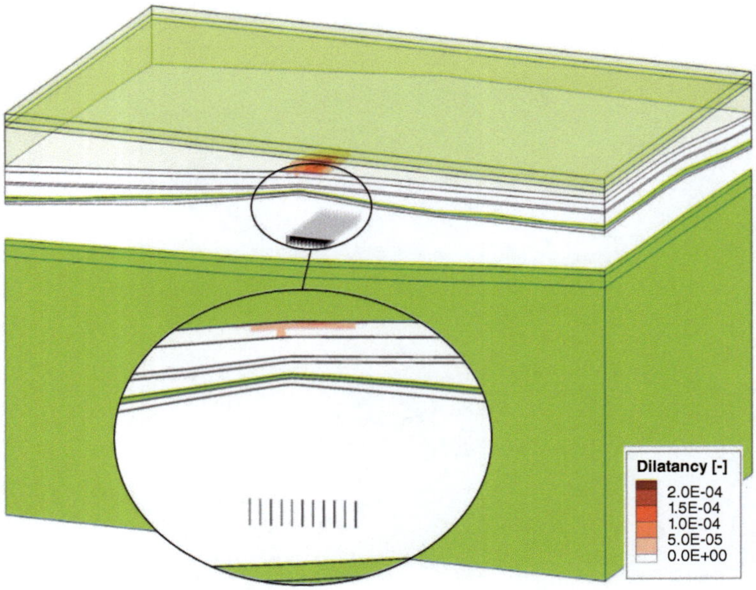

Abb. A.4 Dilatante Bereiche in der Salzbarriere 82 Jahren nach Einlagerung aus der 3D-Modellberechnung (BGR) für die vertikale Bohrlochlagerung – Salzkissen, mit detaillierter Seitenansicht (aus Liu et al., 2018).

Zwischen der Einlagerungssohle und den dilatanten Zonen existiert mindestens eine 520 m mächtige intakte Barriere im Salinar. Somit entstehen keine Wegsamkeiten zwischen Deckgebirge und Endlager. Nach 82 Jahren bleibt die Dilatanz bis zum Ende des Betrachtungszeitraums konstant, weil kein Verheilungsansatz in den Modellberechnungen berücksichtigt wurde.

A.2.4 Zusammenfassung / Bewertung der Barriereintegrität

Durch die Einlagerung wärmeentwickelnder Abfälle wird das Salzgebirge langfristig aufgeheizt. Die Temperaturen klingen nach Erreichen des Maximums aufgrund der abnehmenden Wärmeleistung der Abfälle zwar wieder ab, verbleiben aber auch nach 10 000 Jahren über dem initialen Niveau. Die Temperaturerhöhungen bewirken neben einer Veränderung der thermischen und mechanischen Materialeigenschaften insbesondere auch eine thermisch bedingte Volumenexpansion des Salzgebirges. Infolgedessen werden Spannungsänderungen induziert, die im Salzspiegelbereich zu einer zughaften Entlastung der Spannungen führen.

Eine Beeinträchtigung der Barriereintegrität ist somit im Salzspiegelbereich zum Deckgebirge nicht auszuschließen.

In allen Berechnungsmodellen (unabhängig vom Modellansatz) ergeben sich zu frühen Betrachtungszeiträumen bis zu 620 Jahren ausgedehnte Zonen, in denen der hypothetische Fluiddruck p_{Fl} größer als die betragsmäßig kleinste Hauptspannung

σ_{min} ist, so dass das Fluiddruckkriterium dort nicht erfüllt ist. Im Bereich des Salzspiegels reichen die verletzten Zonen im Aller-Steinsalz NA4 bis maximal 60 m unterhalb des Salzspiegels. Zwischen den eingelagerten Abfällen und den hypothetisch fluiddruckgefährdeten Bereichen befindet sich im Falle des (hier als generische Situation betrachteten) Salzkissens eine über 500 m ungestörte hydraulische Schutzschicht im Salinar.

Im gesamten Betrachtungszeitraum von 10 000 Jahren entsteht rechnerisch in keinem Fall eine potenzielle durchgehende Wegsamkeit zwischen Deckgebirge und Endlager.

Im Fall der vertikalen Bohrlochlagerung im Salzkissen bildet sich eine dilatante Zone in einem Zeitraum von 20 bis 82 Jahren nach Einlagerung aus und dehnt sich im Aller-Steinsalz NA4 bis maximal 50 m unterhalb des Salzspiegels zentral über dem Einlagerungsbereich aus. Nach 82 Jahren bleibt die Dilatanz bis zum Ende des Betrachtungszeitraums konstant, weil kein Verheilungsansatz in der Modellberechnung berücksichtigt wurde.

Zwischen Einlagerungssohle und dilatanter Zone befindet sich mindestens eine 520 m mächtige Barriere im Salinar. Somit entstehen im gesamten Betrachtungszeitraum von 10 000 Jahren keine Wegsamkeiten zwischen Deckgebirge und Endlager.

A.3 Tongesteine mit hoher Mächtigkeit

Im Vorhaben RESUS (Mönig et al., 2020) wurden u. a. die Grundlagen für die Bewertung eines Endlagersystems in einer Tongesteinsformation größerer Mächtigkeit, bei dem der Einschluss der Radionuklide im Wesentlichen durch die geologische Barriere gewährleistet werden muss, dargestellt. Da die Einschlusswirksamkeit dieser Barriere (Integrität) für den dauerhaften nachsorgefreien Einschluss der Radionuklide von zentraler Bedeutung ist, wurden Ergebnisse quantitativer Analysen an einem generischen System zur Integrität des Barrieregesteins berücksichtigt. Im Folgenden werden Auszüge aus diesen Arbeiten gezeigt, die im Wesentlichen unverändert aus Alfarra et al. (2020) entnommen wurden. Weitere numerische Analysen hierzu sind in Maßmann et al. (2022) zu finden.

A.3.1 Geologisches Modell

Basierend auf der „Regionalen Tonstudie" der BGR (Hoth et al., 2007) wurde im Vorhaben ANSICHT (Jobmann et al., 2017) ein generisches Standortmodell entwickelt, das sich beispielhaft an den geologischen Bedingungen in Norddeutschland orientiert. Es umfasst eine Tongesteinsformation mit einer größeren Mächtigkeit (100 bis 130 m).

Das geologische Modell ist in 17 Modelleinheiten gegliedert (siehe Abb. A.5), die als relativ homogen entwickelte und regional gut charakterisierbare geologische

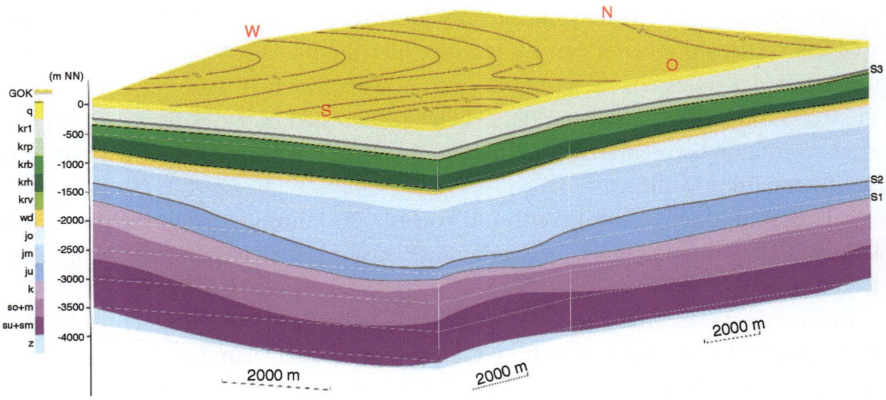

Abb. A.5 3D-Blockbild der Modelleinheiten im generischen geologischen Modell T1 „Tongestein größerer Mächtigkeit" (Abk. z = Zechstein, su+sm = Unterer und Mittlerer Buntsandstein, so+m = Oberer Buntsandstein und Muschelkalk, k = Keuper, ju = Unterjura, jm = Mitteljura, jo = Oberjura, wd = Wealden, krv = Valanginium, krh = Hauterivium, krb = Barremium, krp = Aptium, krl = Albium, q = Quartär, GOK = Geländeoberkante, S1 = Rhätsandstein, S2 = Aalensandstein, S3 = Hilssandstein) (aus Reinhold et al., 2016).

Einheiten verstanden und in ihrer Raumlage und Lithologie sowie ihren hydrogeologischen Eigenschaften in Reinhold et al. (2013) beschrieben werden.

Die Modelleinheiten Hauterivium (krh) und Barremium (krb) sind Ablagerungen der marinen Unterkreide. Diese werden zusammen als Wirtsgestein bzw. als der Gebirgsbereich betrachtet, in dem der ewG ausgewiesen werden kann.

A.3.2 Modellierungskonzept

Zunächst werden basierend auf dem geologischen Modell, dem technischen Endlagerkonzept und den zu erwartenden Entwicklungen ein Referenzfall definiert und thermisch-hydraulisch-mechanisch (THM-) gekoppelte Berechnungen durchgeführt, die einen Zeitraum von einer Million Jahre abdecken.

Das verwendete mathematisch-physikalische Modell für Tongestein berücksichtigt die nicht-isotherme dreidimensionale Grundwasserströmung in teilgesättigten porösen Medien, linear-elastische Deformation (Poroelastizität) und Wärmetransport. Bei dem hydraulischen Modell wird der Richards-Ansatz (Richards, 1931) verwendet, bei dem zwar eine Entsättigung berechnet werden kann, aber kein Gasdruck berücksichtigt wird.

Ziel ist es, das Systemverhalten zu analysieren und mit Hilfe von Auswertungen der auf den Integritätskriterien basierenden Indikatoren potenzielle Versagensmechanismen aufzuzeigen und damit exemplarisch die Vorgehensweise bei der Integritätsanalyse zu illustrieren. Dabei werden nur teilweise die in Kap. 7.3.3 beschriebenen gekoppelten Prozesse abgebildet.

Das Berechnungsmodell bildet einen 2D-Schnitt (z. B. Abb. A.7) durch den zentralen Einlagerungsbereich ab, in dem die Abfälle mit dem größten Wärmeeintrag eingelagert werden und schneidet damit das Endlager senkrecht zu seiner größten Ausdehnung.

Im Nahfeld der Behälter, d. h. bis zu einem Abstand von 10 m zu Auffahrungen, wird die Integrität des Barrieregesteins nicht betrachtet. Hier ist das Gestein durch den Auffahrungsprozess und folgende Spannungsumlagerungen stark beeinflusst, sodass eine Verletzung der Integrität in der EDZ anzunehmen ist. Es wird davon ausgegangen, dass Prozesse, die im Nahfeld der Einlagerungshohlräume zu erwarten sind, nicht für die Integrität des Barrieregesteins im Fernfeld relevant sind. Dies betrifft vor allem auffahrungsbedingte Spannungsumlagerungen, flächenhafte sowie punktuelle Änderungen der Gebirgseigenschaften durch Spannungsumlagerungen, Entsättigung und Änderung der chemischen Verhältnisse, mikrobielle Prozesse sowie die Einwirkungen durch Gasdruck.

A.3.3 Ergebnisse

A.3.3.1 Thermisch

In Abbildung A.6 ist das Temperaturfeld dargestellt. Im Barrieregestein außerhalb des Nahfelds wird die höchste Temperatur von etwa 76 °C nach 500 Jahren erreicht. Die maximale Temperaturerhöhung im Barrieregestein beträgt dabei etwa 30 K. Die zeitlichen Verläufe der Temperaturen in ausgewählten Punkten oberhalb des Endlagers sind in Abb. A.7 dargestellt.

A.3.3.2 Hydraulisch

In Abbildung A.8 sind die Porenwasserdrücke in einem Ausschnitt des Modellgebiets dargestellt. Saugspannungen in teilgesättigten Bereichen werden durch negative Porenwasserdrücke repräsentiert. Im Barrieregestein wird nach 130 Jahren die maximale Porenwasserdruckerhöhung von 9 MPa für eine Lokation unterhalb des rechten Einlagerungsbereichs berechnet. Die entsättigte Zone, in der der Porenraum des Gesteins nicht vollkommen mit Wasser gefüllt ist, erreicht ihre größte Ausdehnung nach etwa 125 Jahren und bleibt vollständig auf das Nahfeld der Streckenbauwerke lokalisiert. Ab 500 Jahren nach Einlagerung werden keine entsättigten Bereiche berechnet.

Der zeitliche Verlauf des Porenwasserdrucks lässt sich in Abb. A.9 nachvollziehen.

Die Grundwasserströmung wird, im Wesentlichen bedingt durch die Temperaturänderungen, in den ersten 100 000 Jahren durch das Endlager beeinflusst. Danach stellen sich die initialen Porenwasserdrücke wieder ein.

A.3.3.3 Mechanisch

In Abbildung A.10 sind die Vertikalverschiebungen dargestellt. In Abbildung A.11 ist die zeitliche Entwicklung der Vertikalverschiebungen an ausgewählten Punkten

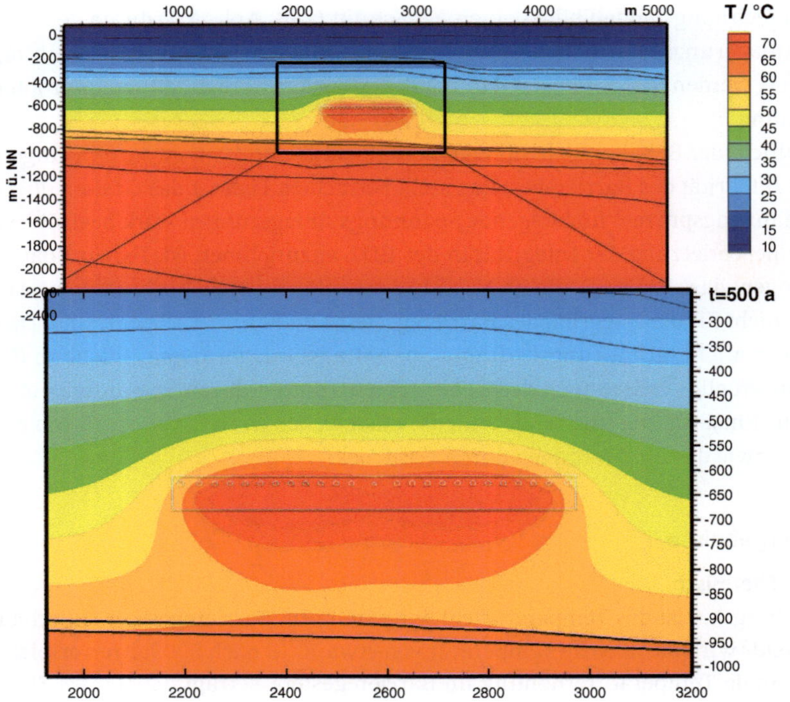

Abb. A.6 Temperaturverteilung 500 Jahre nach Einlagerung (Alfarra et al., 2020).

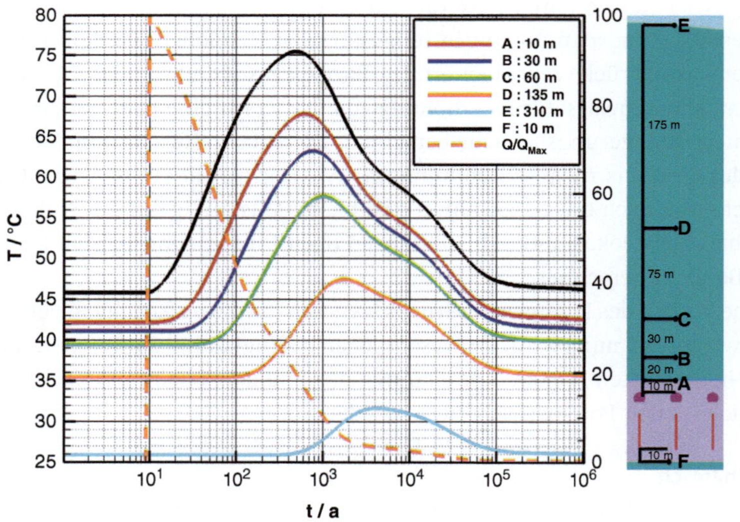

Abb. A.7 Zeitliche Entwicklung der Temperatur an ausgewählten Punkten im Barrieregestein. Angegeben sind die Entfernungen zur Firste der Strecken, bzw. dem Bohrlochtiefsten (Punkt E entspricht der Oberkante des Barrieregesteins) (Alfarra et al., 2020).

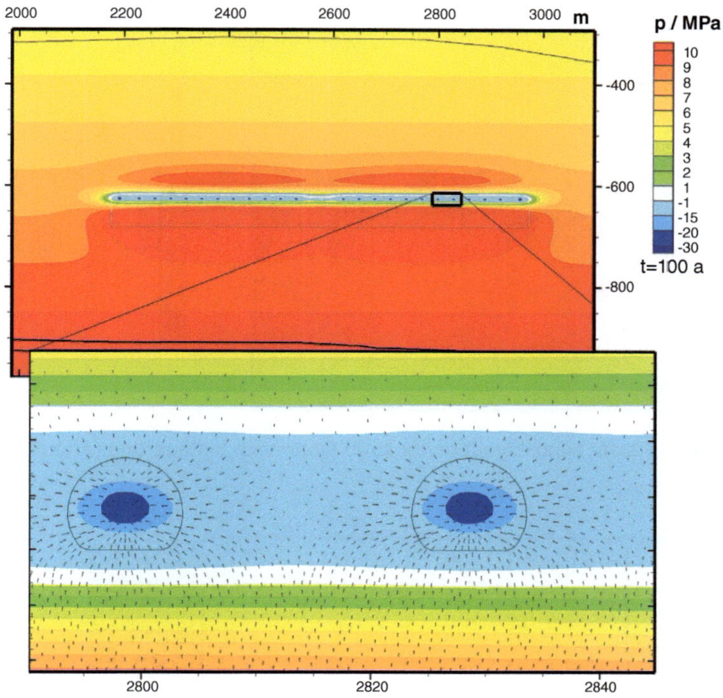

Abb. A.8 Porenwasserdruck 100 Jahre nach Einlagerung Negative Werte entsprechen Saugspannungen in der ungesättigten Zone. Die Vektoren zeigen die Strömungsrichtung und qualitativ die Strömungsgeschwindigkeit (Alfarra et al., 2020).

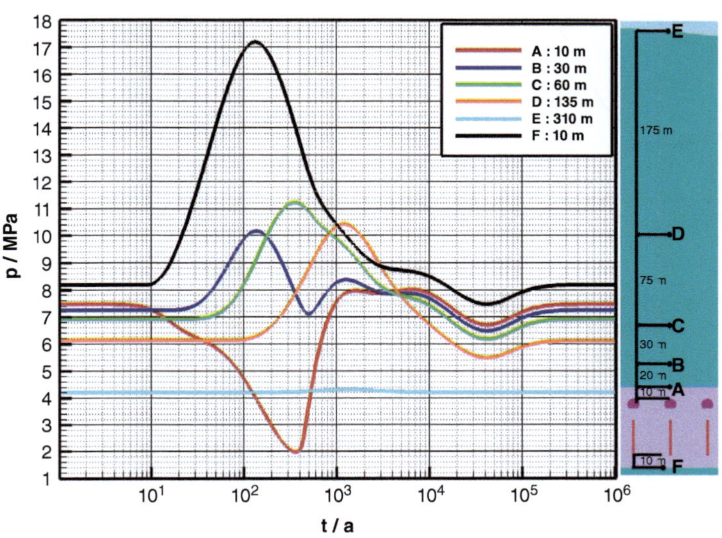

Abb. A.9 Zeitliche Entwicklung der Porenwasserdrücke an ausgewählten Punkten über dem Einlagerungsbereich. Angegeben sind die Entfernungen zur Firste der Strecken, bzw. dem Bohrlochtiefsten (Punkt E entspricht der Oberkante des Barrieregesteins) (Alfarra et al., 2020).

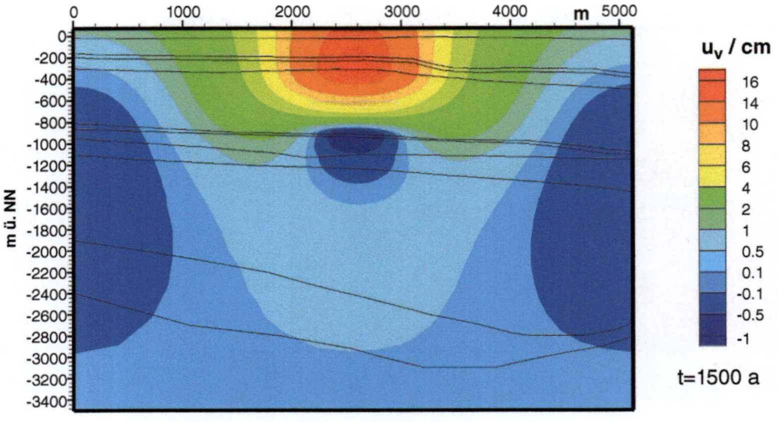

Abb. A.10 Vertikale Verschiebungskomponente 1500 Jahre nach Einlagerung (Alfarra et al., 2020).

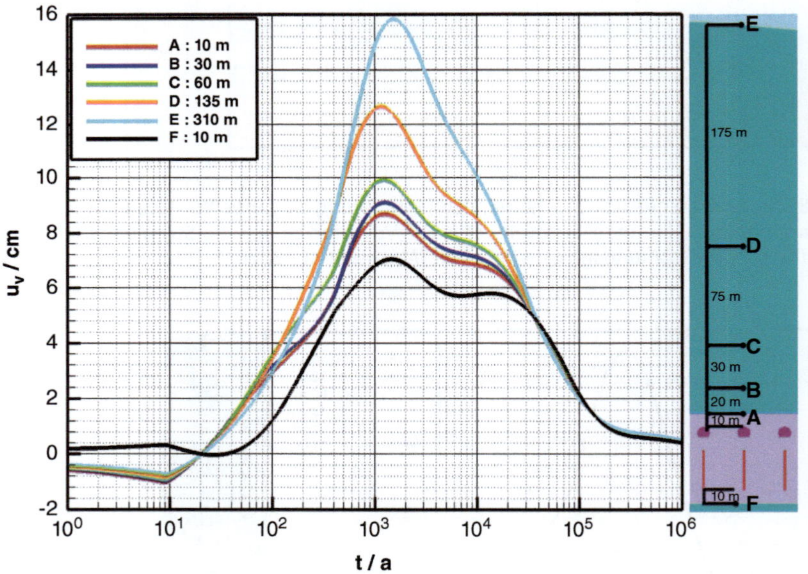

Abb. A.11 Zeitliche Entwicklung der vertikalen Verschiebungen an ausgewählten Punkten im Barrieregestein. Angegeben sind die Entfernungen zur Firste der Strecken, bzw. dem Bohrlochtiefsten (Punkt E entspricht der Oberkante des Barrieregesteins) (Alfarra et al., 2020).

im Wirtsgestein dargestellt. Die zeitliche Entwicklung der effektiven Spannungen ist in Form der Spur des effektiven Spannungstensors in Abb. A.12 dargestellt.

Die maximale Hebung an der Geländeoberkante von 14,6 cm wird für den Zeitpunkt nach 2000 Jahren berechnet. Eine effektive Zugspannung tritt im Barrieregestein nicht auf.

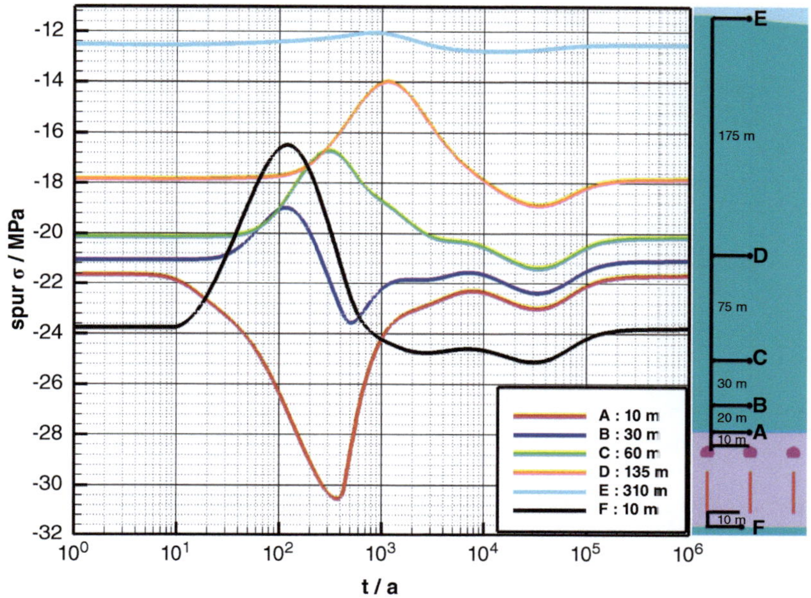

Abb. A.12 Zeitliche Entwicklung der Spannungen an ausgewählten Punkten über dem Einlagerungsbereich. Angegeben sind die Entfernungen zur Firste der Strecken, bzw. dem Bohrlochtiefsten (Punkt E entspricht der Oberkante des Barrieregesteins; Druckspannungen sind hier durch negative Vorzeichen gekennzeichnet) (Alfarra et al., 2020).

A.3.3.4 Indikator Dilatanz

Im Basisfall wird der maximale Wert des Indikators Dilatanz im Barrieregestein mit einem Wert von 0,47 für den Zeitpunkt 9 Jahre berechnet, also für einen Zeitpunkt vor Beginn des Wärmeeintrags. Die Lokation des Maximums befindet sich rechts am äußeren Rand des Modellgebiets am tiefsten Punkt der Barrieregesteinsschicht und ist in Abb. A.13 in Magenta visualisiert.

Zum Systemverständnis sind zusätzlich in der Grafik die zeitlichen Verläufe des Indikators für zwei weitere Punkte am äußeren Rand des Wirtsgesteins gezeigt, an denen zwischenzeitlich im Vergleich zum Ausgangszustand ein größerer Indikatorwert berechnet wird. Die Auswertung des Indikators weist darauf hin, dass im Basisfall das Dilatanzkriterium deutlich eingehalten wird (maximaler Indikatorwert ist deutlich kleiner als 1) und die negativen Auswirkungen auf das Kriterium durch das Endlager gering sind.

A.3.3.5 Indikator Fluiddruck

Der maximale Wert für den Indikator Fluiddruck im Barrieregestein für den Basisfall wird mit einem Wert von 3,42 MPa für den Zeitpunkt 130 Jahre nach Einlagerung berechnet. Die Lokation des Maximums befindet sich an der Unterkante des Nahbereichs der Einlagerungshohlräume und ist in Abb. A.14 in Magenta visualisiert.

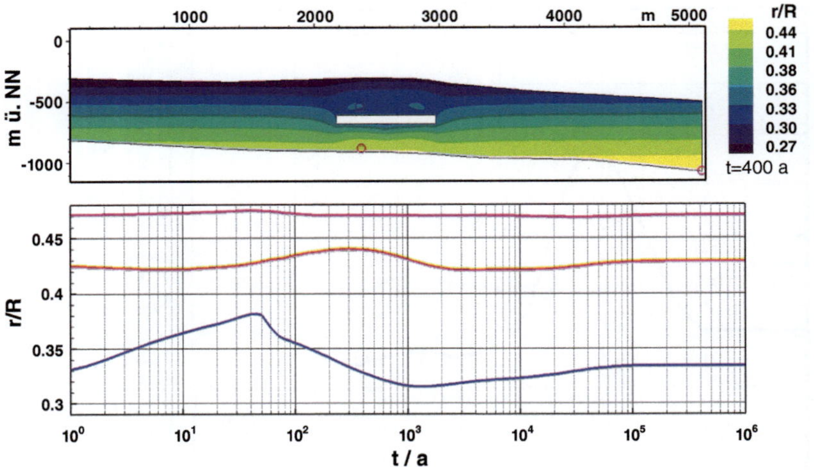

Abb. A.13 Örtliche und zeitliche Entwicklung des Indikators Dilatanz im Barrieregestein (Alfarra et al., 2020).

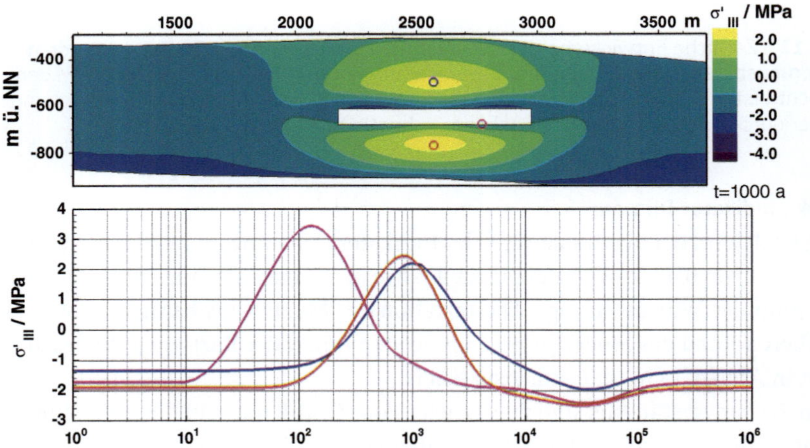

Abb. A.14 Örtliche und zeitliche Entwicklung des Indikators Fluiddruck (Alfarra et al., 2020).

Auch in weiter entfernten Bereichen im Wirtsgestein werden zwischenzeitlich im Vergleich zum Ausgangszustand höhere Werte für den Fluiddruckindikator berechnet. Exemplarisch ist dies für einen Punkt oberhalb des Endlagerbereichs in Abb. A.14 visualisiert.

Die Auswertung des Indikators weist darauf hin, dass im Basisfall das Fluiddruckkriterium nicht eingehalten wird (es treten positive effektive Spannungen auf, die effektive Zugspannungen darstellen).

A.3.3.6 Indikator Temperatur

Auf eine grafische Darstellung der Auswertung des Indikators Temperatur wird hier verzichtet, da die Temperatur bereits dargestellt wurde (vgl. Systemverhalten Thermisch).

Die höchste Temperatur im Barrieregestein außerhalb des Nahfelds der Einlagerungshohlräume beträgt 76 °C. Sie wird für einen Punkt, der direkt an den Nahbereich der Einlagerungshohlräume angrenzt, unterhalb der Einlagerungsbauwerke zum Zeitpunkt 500 Jahre berechnet. Die Auswertung des Indikators ergibt hier: $T/T_{\mathrm{Grenz}} = 76/100 = 0{,}76$.

Die Auswertung des Indikators weist darauf hin, dass im Basisfall das Temperaturkriterium deutlich eingehalten wird (Indikatorwert ist deutlich kleiner 1).

A.3.3.7 Indikator Advektion

Für die Bewertung des Indikators Advektion müssen der Abstand s, der ausdrückt, wieweit sich ein advektiv mit der Grundwasserströmung bewegtes Partikel maximal nur aufgrund von Strömungsprozessen vom Nahfeld der Einlagerungshohlräume des Endlagers in einer Million Jahre aus der oberen Begrenzung des Barrieregesteins angenähert hat und der Abstand s_0, der die kleinste Entfernung zwischen dem Nahfeld der Einlagerungshohlräume des Endlagers und der oberen Begrenzung des Barrieregesteins widerspiegelt, bestimmt werden (vgl. Kap. 5.2.4). Hierzu werden die Partikelbahnen im Barrieregestein mit dem Auswerteprogramm Paraview 5.6 (Ahrens et al., 2005; Ayachit, 2015) auf Basis der mit OGS-5 berechneten Strömungsgeschwindigkeitsfelder ausgewertet. Es wird ausschließlich Advektion betrachtet, die Partikel sind masselos, bewegen sich exakt mit der Strömung und können sich nicht anlagern oder die Strömung beeinflussen. Die Startpunkte der Partikel (in Abb. A.15 grün dargestellt) wurden an der Grenze des Nahfeldes der Einlagerungshohlräume positioniert. Zu jedem Berechnungszeitschritt wird an jedem Startpunkt ein Partikel hinzugefügt.

Abbildung A.15 zeigt die Positionen aller Partikel nach einer Million Jahre. Die Partikel sind nach dem Partikelalter eingefärbt. Partikel, die im Laufe des Transports den Nahfeldbereich erreichen, werden aufgrund der oben beschriebenen Einschränkung nicht dargestellt. Über die stetige Freisetzung von Partikeln ist sichergestellt, dass dies die Auswertung des Indikators nicht beeinflusst. Darüber hinaus ist die Umhüllende der Partikelbahnen als rotes Polygon dargestellt. Alle Partikel befinden sich innerhalb dieser Umhüllenden.

Zunächst ist die Partikelbewegung durch den Einfluss des Endlagers aus Temperaturänderungen und Entsättigung bestimmt. Später werden die Partikel immer stärker durch die ungestörte Grundströmung beeinflusst. Diese ist durch einen vertikalen Druckgradienten geprägt, der eine Strömung nach oben hervorruft. Nach etwa 150 000 Jahren bewegen sich alle Partikel mit der Grundströmung.

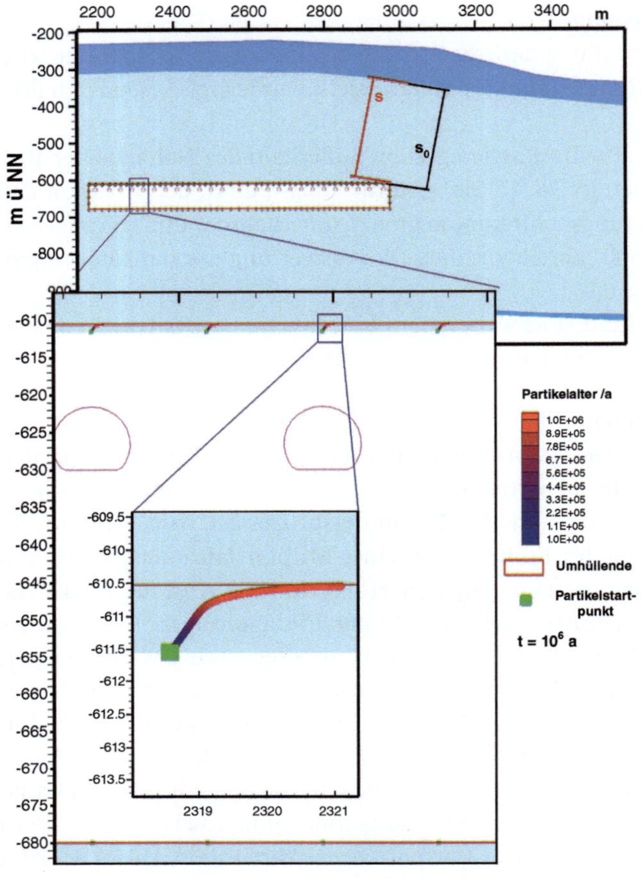

Abb. A.15 Auswertung des Advektionskriteriums im Barrieregestein anhand der Verfolgung von Partikelbahnen. Dargestellt sind die Startpunkte (grün), die Umhüllende (rot) und die Partikel 1 Million Jahre nach Einlagerungsbeginn (Alfarra et al., 2020).

Maßgeblich für die Partikelbewegung über 1 Million Jahre ist die ungestörte Grundströmung, die im Rechenschnitt nach oben rechts gerichtet ist. Zu betrachten ist daher der Bereich oberhalb und rechts des Endlagers.

Der kleinste Abstand zwischen dem Nahfeld und der oberen Begrenzung des Barrieregesteins beträgt $s_0 = 274$ m, während der kleinste Abstand zwischen der Umhüllenden aller Partikel und der oberen Begrenzung des Barrieregesteins zu $s = 273$ m bestimmt wird. Die Auswertung des Indikators für den Basisfall ergibt damit:

$$1 - \frac{s}{s_0} = 1 - \frac{273\text{ m}}{274\text{ m}} = 0{,}0036$$

Die Auswertung des Indikators weist darauf hin, dass im Basisfall das Advektionskriterium deutlich eingehalten wird (Indikatorwert ist deutlich kleiner 1).

A.3.3.8 Diskussion der Ergebnisse

Die Berechnungen zeigen ein stark gekoppeltes THM-System. Im Wesentlichen sind folgende, zum Teil konkurrierende Mechanismen auszuweisen (siehe Abb. A.16):

1. Die Entsättigung und Druckabsenkung im Einlagerungsbereich führen zur Erhöhung der effektiven Druckspannungen und so zu einer Kompaktion, die auch zu einer Senkung an der Geländeoberfläche führt. Hydraulisch führt die Druckabsenkung zu einer Strömung in Richtung Grubengebäude. Dieser Mechanismus hat seine stärkste Ausprägung zu Beginn der Simulation.
2. Der Wärmeeintrag durch die hochradioaktiven Abfälle führt zur Ausdehnung des Gesteins und so auch zu Hebungen an der Geländeoberfläche. Im vorliegenden teileingespannten Zustand erhöhen sich die effektiven Druckspannungen in einer Zone um den Einlagerungsbereich. Diese Erhöhung der Druckspannungen führt aus Gründen des mechanischen Gleichgewichts zu einer Verringerung der Druckspannungen in größerer Entfernung zum Endlager.
3. Der Wärmeeintrag führt zu einer Ausdehnung des Fluids und so zu einer Erhöhung des Porenwasserdrucks, der sich im gering durchlässigen Gestein nur langsam abbaut. Durch den Ansatz der effektiven Spannungen führt dies zu einer Verringerung der effektiven Druckspannungen. Hydraulisch führt

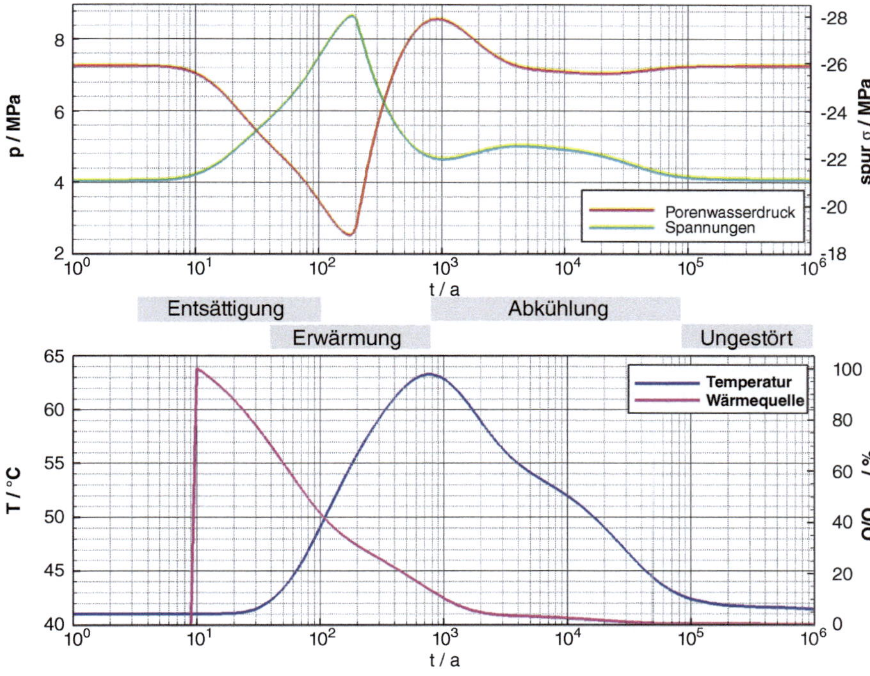

Abb. A.16 Berechnete zeitliche Entwicklung des gekoppelten THM-Systems; beispielhaft dargestellt an einem Punkt im Wirtsgestein (Alfarra et al., 2020).

dies zu einer Strömung aus diesen Bereichen heraus. Mechanismen, die durch Temperaturerhöhung ausgelöst werden, haben die stärkste Auswirkung mit Beginn der Einlagerungsphase bis etwa 1000 Jahre danach, abhängig vom Abstand zur Wärmequelle.

4. Die Abkühlung des Gesteins führt zur Kontraktion, bzw. Druckspannungsverminderung im teileingespannten Zustand. Dies führt zu Senkungen an der Geländeoberfläche.
5. Die Abkühlung des Fluids führt zur Kontraktion des Fluids und so zu einer Verminderung des Porenwasserdrucks. Durch den Ansatz der effektiven Spannungen führt dies zu einer Erhöhung der effektiven Druckspannungen. Mechanismen, die durch eine Abkühlung hervorgerufen werden, zeigen ihre stärkste Ausprägung zwischen 10 000 und 100 000 Jahren.

Die Temperaturentwicklung ist durch die Wärmeleitung, also diffusiv, dominiert. Die Abhängigkeit von anderen Prozessen ist im gesättigten Wirtsgestein klein. Im Nahbereich des Einlagerungsbereichs führt die Entsättigung und Absenkung des Porenwasserdrucks zur Kompensation der temperaturbedingten Porenwasserdruckerhöhung.

Das regionale Strömungsfeld ist im Wesentlichen von den Aquiferen bestimmt. Die Fließgeschwindigkeiten und damit auch die Durchflüsse im Barrieregestein sind im Vergleich zu denen in anderen Schichten, die eine höhere hydraulische Durchlässigkeit aufweisen, vernachlässigbar klein und hängen von den Druckdifferenzen der Schichten im Hangenden und im Liegenden ab. So liegt im ungestörten Anfangszustand eine nach oben gerichtete Strömung im Barrieregestein mit einer Abstandsgeschwindigkeit von etwa 0,001 mm/a vor.

Der Indikator Dilatanz bewertet die Möglichkeit eines Verlusts der Integrität durch mechanisches Versagen, insbesondere das Versagen durch zu hohe Scherbeanspruchung. Hierbei wird das Zusammenwirken von thermomechanischer und hydraulischer Beanspruchung betrachtet. Zu erwarten sind hohe Werte in Bereichen hoher thermischer Gradienten und zu Zeiten großer Temperaturerhöhungen. Dieser Indikator ist aber auch stark vom Anfangsspannungszustand abhängig. Wenn bereits im ungestörten Zustand eine hohe Deviatorspannung vorliegt, also große Unterschiede in den Hauptspannungen anstehen, ist ein Schubversagen schon bei kleineren Spannungsänderungen, die den Indikator negativ beeinflussen, möglich.

Der Indikator Fluiddruck bewertet die Möglichkeit eines Verlusts der Integrität durch Zugversagen. Effektive Zugspannungen können z. B. durch thermisch bedingte Druckerhöhung des Fluids und durch Zugspannungen als Ausgleich zu thermisch oder hydraulisch induzierten Druckspannungen auftreten. Schnelle Temperaturanstiege in Kombination mit geringen Permeabilitäten und hohen Porositäten beeinflussen den Indikator negativ.

Der Indikator Advektion bewertet, wie schnell bzw. wie weit sich Partikel aus dem Einlagerungsbereich in einer Million Jahre entfernen. Er ist im Wesentlichen von der ungestörten Grundströmung beeinflusst, da der Einfluss des Endlagers auf den Porenwasserdruck und damit auf die Fließgeschwindigkeiten zeitlich begrenzt ist (siehe Abb. A.9). Der Indikator hängt somit im Wesentlichen von den Gesteinseigenschaften Permeabilität und durchflusswirksame Porosität sowie dem hydraulischen Gradienten ab. Kurzzeitig bewirkt die Druckabsenkung im Grubengebäude eine Strömung in Richtung Endlager, wirkt sich also positiv auf den Indikator aus.

Der Indikator Temperatur beschreibt die berechnete Temperatur im Verhältnis zu einer Grenztemperatur. Hohe Temperaturen wirken sich somit negativ auf den Indikator aus. Allerdings ist die Bedeutung für die Integrität genauer zu betrachten. Im Allgemeinen stellen bereits die durchzuführenden Berechnungen zur thermischen Auslegung des Endlagers sicher, dass keine kritischen Temperaturen erreicht werden. Ob Temperaturen unterhalb der Auslegungstemperatur die Integrität des Barrieregesteins beeinflussen, ist standortbezogen zu beantworten. Indirekte Auswirkungen der Temperaturerhöhungen, wie thermisch induzierte Spannungen, werden bereits mit den Indikatoren Dilatanz und Fluiddruck abgedeckt.

Die Analysen des THM-Systemverhaltens und die Auswertung der Indikatoren weisen im Basisfall darauf hin, dass die Integrität des Barrieregesteins im Nachweiszeitraum außerhalb des Nahfeldes der Einlagerungshohlräume gefährdet ist. Die temperaturinduzierte Porenwasserdruckerhöhung führt über einen längeren Zeitraum zu positiven effektiven Spannungen, also effektiven Zugspannungen im sicherheitsrelevanten zentralen Bereich über und unter dem Einlagerungsbereich im Barrieregestein.

Literatur

Ahrens, J., Geveci, B., Law, C. (2005). ParaView: An End-User Tool for Large Data Visualization. In: *Visualization Handbook* (Hrsg. C.D. Hansen und C.R. Johnson), 717–731.). Burlington: Elsevier.

Alfarra, A., Bertrams, N., Bollingerfehr W. et al. (2020). *RESUS – Grundlagen zur Bewertung eines Endlagersystems in einer Tongesteinsformation größerer Mächtigkeit.* GRS-571, Köln: (Gesellschaft für Anlagen- und Reaktorsicherheit [GRS] gGmbH).

AkEnd. (2002). *Auswahlverfahren für Endlagerstandorte – Empfehlungen des Arbeitskreises Auswahlverfahren Endlagerstandorte.* Köln: (AkEnd).

AKS. (2021). *Kompendium zum Stand von Wissenschaft und Technik bei der Planung und Ausführung geotechnischer Barrieren für Untertagedeponien im Salinargebirge, Arbeitskreis Salzmechanik.* DGGT, ISBN 978-3-86948-812-7.

Alkan, H., Cinar, Y. und Pusch, G. (2007). Rock salt dilatancy boundary from combined acoustic emission and triaxial compression tests. *International Journal of Rock Mechanics and Mining Sciences* 44 (1): 108–119.

Ayachit, U. (2015). *The ParaView Guide: A Parallel Visualization Application.* Kitware: Inc., 276

Bandis, S., Lumsden, A. und Barton, N. (1981). Experimental studies of scale effects on the shear behaviour of rock joints. *International Journal of Rock Mechanics and Mining Sciences and Geomechanics Abstracts* 18 (1): 1–21. https://doi.org/10.1016/0148-9062(81)90262-X.

Becker, D.-A., Bertrams, N., Bollingerfehr W. et al. (2020a). *RESUS – Grundlagen zur Bewertung eines Endlagersystems in einer Kristallingesteinsformation mit mehreren einschlusswirksamen Gebirgsbereichen.* GRS–574, (Gesellschaft für Anlagen- und Reaktorsicherheit [GRS] gGmbH).

Becker, D.-A., Bertrams, N., Bollingerfehr W. et al. (2020b). *RESUS – Grundlagen zur Bewertung eines Endlagersystems in einer Kristallingesteinsformation mit Einschluss der Radionuklide durch technische und geotechnische Barrieren.* GRS–577, (Gesellschaft für Anlagen- und Reaktorsicherheit [GRS] gGmbH). ISBN 978-3-947685-63-9.

Beuth, T., Bracke, G., Buhmann D. et al. (2012). *Szenarienentwicklung: Methodik und Anwendung. Bericht zum Arbeitspaket 8. Vorläufige Sicherheitsanalyse für den Standort Gorleben.* GRS-284, Köln: (Gesellschaft für Anlagen- und Reaktorsicherheit [GRS] gGmbH).

BFE. (2018). *Ergebnisbericht zu Etappe 2: Festlegungen und Objektblätter.* Bern, Schweiz: Sachplan geologische Tiefenlager. Bundesamt für Energie (BFE).

BGE – Bundesgesellschaft für Endlagerung. (2020). Zwischenbericht Teilgebiete gemäß § 13 StandAG. Stand 28.09.2020.

Bock, H. (2009). *RA Experiment: Updated Review of the Rock Mechanics Properties of the Opalinus Clay of the Mont Terri URL based on Laboratory and Field Testing*. TR 2008-04, Mont Terri Project.

Bollingerfehr, W., Bertrams, N., Buhmann D. et al. (2018). *KOSINA – Concept developments for a generic repository for heat-generating waste in bedded salt formations in Germany*. BGE TEC 2018-13, Peine: BGE TECHNOLOGY GmbH.

Bossart, P. (2008). Annex 4. Characteristics of the Opalinus clay at Mont Terri. In: *Mont Terri Rock Laboratory. Project, Programme 1996 to 2007 and Results*. Reports of the Swiss Geological Survey, No. 3 (eds. P. Bossart und M. Thury), 445. Wabern, Switzerland: Federal Office of Topography (swisstopo).

Bossart, P., Bernier, F., Birkholzer, J. et al. (2017). Mont Terri rock laboratory, 20 years of research: introduction, site characteristics and overview of experiments. *Swiss Journal of Geoscience* 110 (1): 3–22. https://doi.org/10.1007/s00015-016-0236-1.

Brace, W.F., Paulding Jr., B.W. und Scholz, C. (1966). Dilatancy in the fracture of crystalline rocks, J. *Geophys. Res.* 71 (16): 3939–3953, doi:10.1029/JZ071i016p03939.

Bräuer, V., Eickemeier, R., Eisenburger D. et al. (2012). *Standortbeschreibung Gorleben Teil 4: Geotechnische Erkundung des Salzstocks Gorleben*. ISBN 9783510959884.

Bräuer, V., Dohrmann, R., Enste G. et al. (2016). Literaturstudie Wärmeentwicklung-Gesteinsverträglichkeit. In: *Beratung der Endlagerkommission* 9S2014010000 (Hrsg. Kommission Lagerung hoch radioaktiver Abfallstoffe, K-MAT), 55, 62. Hannover: Bundesanstalt für Geowissenschaften und Rohstoffe (BGR).

Buhmann, D., Mönig, J., Wolf J. et al. (2008). *Überprüfung und Bewertung des Instrumentariums für eine sicherheitliche Bewertung von Endlagern für HAW*. ISIBEL. Behandlung von Ungewissheiten im Langzeitsicherheitsnachweis für ein HAW-Endlager im Salzgestein, GRS, BGR, DBE-TEC, Abschlussbericht (Gesellschaft für Anlagen- und Reaktorsicherheit [GRS] gGmbH).

DBE-TEC (2010). *Referenzkonzept für ein Endlager für radioaktive Abfälle in Tonstein – ERATO. Abschlussbericht*. Peine: DBE TECHNOLOGY GmbH.

EANG. (2014). *Empfehlung des Arbeitskreises „Numerik in der Geotechnik" – EANG*. (Hrsg. Deutsche Gesellschaft für Geotechnik e.V.). Ernst & Sohn.

Fahland, S. und Heusermann, S. (2013). Geomechanical analysis of the integrity of waste disposal areas in the Morsleben repository. *Rock characterisation, modelling and engineering design methods: Proceedings of the 3rd ISRM SINOROCK Symposium*, Shanghai, PR China (18–20 June 2013). London: Tongji University, (eds.: X.-T. Feng, J.A. Hudson und F. Tan), 345–350. Taylor & Francis Group. ISBN: 978-1-138-00057-5.

Faust, B., Krüger, R., Lucke, A. et al. (2016). *JifeMP Java application for Interactive nonlinear Finite-Element analysis in MultiPhysics*. Benutzerhandbuch für JIFE 5.1.1; Berlin.

Fischer-Appelt, K., Baltes, B., Buhmann D. et al. (2013). *Synthesebericht für die VSG. Bericht zum Arbeitspaket 13. Vorläufige Sicherheitsanalyse für den Standort Gorleben*. GRS–290, Köln: (Gesellschaft für Anlagen- und Reaktorsicherheit [GRS] gGmbH).

FGSV (2021). *Merkblatt über veränderlich feste Gesteine als Erdbaustoff, Arbeitsgruppe Erd- und Grundbau Arbeitsausschuss: Erd- und Felsarbeiten Arbeitskreis: Veränderlich feste Gesteine*. FGSV 566, Obmann: T. Baumgärtel, April 2021. ISBN 978-3-86446-293-1.

Gens, A. (2010). Soil-environment interactions in geotechnical engineering. *47th Rankine Lecture, Géotechnique* 60 (1): 3–74.

Günther, R. (2009). *Erweiterter Dehnungs-Verfestigungs-Ansatz. Phänomenologisches Stoffmodell für duktile Salzgesteine zur Beschreibung primären, sekundären und tertiären Kriechens.* Veröffentlichungen des Institutes für Geotechnik der TU Bergakademie Freiberg, Heft 2009-4.

Hampel, A., Günther, R.-M., Salzer K. et al. (2015). Joint Project III on the Comparison of Constitutive Models for the Thermo-Mechanical Behavior of Rock Salt-1. Over-View and results from model calculations of healing of rock salt. *The Mechanical Behavior of Salt VIII, Proc. of the 8th Conference*, Rapid City, SD (26–28 May 2015). London: South Dakota School of Mines & Technology, (eds.L. Roberts, K. Mellegard und F. Hansen), 349–359. Taylor & Francis Group (Balkema).

Heemann, U., Kull, H., Li S. et al. (2014). *VIRTUS, Protokolle Literaturauswertung der Daten zum thermisch-hydraulisch-mechanischen Materialverhalten von Salzgesteinen und EBS-Materialien.* GRS – 354 Anhang B, Köln: (Gesellschaft für Anlagen- und Reaktorsicherheit [GRS] gGmbH).

Heusermann, S., Fahland, S. und Eickemeier, R. (2017). Geomechanical stability and integrity of nuclear waste disposal mines in salt structures. In: *Rock Mechanics and Engineering* Volume 3: Analysis, Modeling and Design (ed. Feng Xia-Ting), 513–547. CRC Press, Taylor & Francis Group. ISBN 9781138027640.

Hoth, P., Wirth, H., Reinhold K. et al. (2007). *Endlagerung radioaktiver Abfälle in tiefen geologischen Formationen Deutschlands – Untersuchung und Bewertung von Tongesteinsformationen.* Berlin / Hannover: Bundesanstalt für Geowissenschaften und Rohstoffe, 118.

Hunsche, U., Schulze, O., Walter F. et al. (2003). *Thermomechanisches Verhalten von Salzgestein. Projekt Gorleben. Abschlussbericht.* Hannover: Bundesanstalt für Geowissenschaften und Rohstoffe.

ITASCA (2011). *UDEC Universal Distinct Element Code.* Minneapolis, Minnesota, USA: Itasca Consulting Group Inc.

ITASCA (2013). *3DEC Three Dimensional Distinct Element Code.* Minneapolis, Minnesota, USA: Itasca Consulting Group Inc.

Jaeggi, D., Bossart, P. und Wymann L. (2014). Kompilation der lithologischen Variabilität und Eigenschaften des Opalinus-Ton im Felslabor Mont Terri. In: *Expertenbericht im Rahmen der Beurteilung des Vorschlags von mindestens zwei geologischen Standortgebieten pro Lagertyp, Etappe 2, Sachplan geologische Tiefenlager.* Swisstopo.

Jahn, S. und Sönnke, J. (2013). *Endlagerstandortmodell NORD – Teil II: Zusammenstellung von Gesteinseigenschaften für den Langzeitsicherheitsnachweis.* Hannover: Projekt ANSICHT. BGR, Technischer Bericht.

Jahn, S., Mrugalla, S. und Stark L. (2016). *Endlagerstandortmodell SÜD – Teil II: Zusammenstellung von Gesteinseigenschaften für den Langzeitsicherheitsnachweis. Projekt ANSICHT: Methodik und Anwendungsbezug eines Sicherheits- und Nachweiskonzeptes für ein HAW-Endlager im Tonstein.* Hannover: BGR, Technischer Bericht.

Jobmann, M., Maßmann, J., Meleshyn A. et al. (2015). *Quantifizierung von Kriterien für Integritätsnachweise im Tonstein: Projekt ANSICHT.* TEC-08-2013-AP, Peine: DBE TEC [u.a.], Technischer Bericht.

Jobmann, M., Becker, D.-A., Hammer J. et al. (2016). *Projekt CHRISTA. Machbarkeitsuntersuchung zur Entwicklung einer Sicherheits- und Nachweismethodik für ein*

Endlager für Wärme entwickelnde radioaktive Abfälle im Kristallingestein in Deutschland. TEC-20-2016-AB, Braunschweig, Hannover, Peine: Projekt CHRISTA GRS, BGR, DBE TECHNOLOGY GmbH, Abschlussbericht.

Jobmann, M., Bebiolka, A., Jahn S. et al. (2017). Projekt ANSICHT. Sicherheits- und Nachweismethodik für ein Endlager im Tongestein in Deutschland. Synthesebericht.

Jobmann, M., Maßmann, J., Meleshyn A. et al. (2021a). *CHRISTA-II. Quantifizierung von Integritätskriterien für Sicherheitsbewertungen an Kristallinstandorten in Deutschland*. BGE TEC 2021-14, BGE Technology GmbH.

Jobmann, M., Burlaka, V., Flügge, J. et al. (2021b). *CHRISTA-II – Methodisches Vorgehen zur sicherheitlichen Bewertung von Endlagersystemen im Kristallin in Deutschland*. BGE TEC 2021-17, Peine: BGE TECHNOLOGY, Synthesebericht.

Kindlein, J., Buhmann, D., Mönig J. et al. (2018). *Sicherheits- und Nachweiskonzept für ein Endlager in flach lagernden Salzformationen – Ergebnisse aus dem Vorhaben KOSINA*. Braunschweig: (Gesellschaft für Anlagen- und Reaktorsicherheit [GRS] gGmbH).

Kwasniewski, M. (2007). Mechanical behaviour of rocks under true triaxial compression conditions – Volumetric strain and dilatancy. 2nd National Conference on Rock Mechanics. *Archives of Mining Sciences* 52 (3): 409–435.

Lerch, C. (2011). *Memo – Thermische Behälterleistung in den Varianten B1 und C und Überprüfung der Einlagerung in der Variante B1*. Vorläufige Sicherheitsanalyse Gorleben (VSG), MEMO – GRS (Gesellschaft für Anlagen- und Reaktorsicherheit [GRS] gGmbH).

Liu, W., Knauth, M., Eickemeier R. et al. (2018). *TM- und THM-gekoppelte Modellberechnungen zur Integritätsanalyse der geologischen Barrieren in flach lagernden Salzformationen: Ergebnisse aus dem Vorhaben KOSINA: Ergebnisbericht*. Hannover: Bundesanstalt für Geowissenschaften und Rohstoffe (BGR).

Liu, W., Völkner, E., Minkley W. et al. (2017). *Zusammenstellung der Materialparameter der THM-Modellberechnungen: Ergebnisse aus dem Vorhaben KOSINA: Ergebnisbericht*. Hannover: Bundesanstalt für Geowissenschaften und Rohstoffe (BGR).

Maßmann, J. (2016). *Endlagerstandortmodell Süd (AnSichT) – Teil III: Auswahl von Gesteins- und Fluideigenschaften für numerische Modellberechnungen im Rahmen des Langzeitsicherheitsnachweises*. Hannover: Technischer Bericht, BGR.

Maßmann, J. und Ziefle, G. (2017). Integritätsnachweis geologische Barriere. In: *Systemanalyse für die Endlagerstandortmodelle – Methode und exemplarische Berechnungen zum Sicherheitsnachweis*. Projekt ANSICHT). Ber.-Nr.: TEC-29-2016-TB (Hrsg. M. Jobmann, V. Burlaka, P. Herold, E. Kuate Simo et al.), Peine, Hannover, Braunschweig: (DBE TECHNOLOGY GmbH, BGR, GRS).

Maßmann, J., Thiedau, J., Bittens M. et al. (2022). *Methode und Berechnungen zur Integritätsanalyse der geologischen Barriere für ein generisches Endlagersystem im Tongestein*. Hannover: Projekt ANSICHT-II. Bundesanstalt für Geowissenschaften und Rohstoffe (BGR), Ergebnisbericht. https://doi.org/10.25928/n8ac-y452.

Mayr, S.I., Gräsle, W. und Hesser, J. (2022). *Rheologisches Langzeitverhalten der im Endlager Konrad aufgeschlossenen Tonsteine*. Bundesanstalt für Geowissenschaften und Rohstoffe (BGR), B3.3/B50142-04/2021-0001/001, Hannover: Bewertung Überwachungsmessungen Konrad.

Minkley, M. und Popp, T. (2010). *Sicherheitsabstände zur vorläufigen Dimensionierung eines untertägigen Endlagers für wärmeentwickelnde Abfälle im Salzgebirge*. VSG-Memo (Institut für Gebirgsmechanik GmbH), 29.10.2010.

Mönig, J., Buhmann, D., Rübel A. et al. (2012). *Sicherheits- und Nachweiskonzept. Bericht zum Arbeitspaket 4. Vorläufige Sicherheitsanalyse für den Standort Gorleben*. GRS-277, Köln: (Gesellschaft für Anlagen- und Reaktorsicherheit [GRS] gGmbH).

Mönig, J., Bertrams, N., Bollingerfehr W. et al. (2020). *RESUS – Empfehlungen zur sicherheitsgerichteten Anwendung der geowissenschaftlichen Abwägungskriterien des StandAG: Synthesebericht*. BGE-Bestell-Nr. 45183385, GRS-567, Köln: (Gesellschaft für Anlagen- und Reaktorsicherheit [GRS] gGmbH).

Mrugalla, S., Frenzel, B., Krumbholz M. et al. (2020). *CHRISTA-II – Beschreibung der generischen geologischen Modelle für die Endlagersysteme „multipler ewG" und „mKBS-3"*. Hannover: BGR, Ergebnisbericht.

Mrugalla, S., Frenzel, B., Krumbholz M. et al. (2021). *CHRISTA-II – Beschreibung des generischen geologischen Modells für das Endlagersystem „überlagernder ewG"*. Hannover: BGR, Ergebnisbericht.

Nagra. (2002). *Projekt Opalinuston – Synthese der geowissenschaftlichen Untersuchungsergebnisse*. Wettingen, Switzerland: Nagra Technischer Bericht, 02-03. Nagra. https://nagra.ch.

NEA. (2019). *International Features, Events and Processes (IFEP) List for the Deep Geological Disposal of Radioactive Waste. Version 3.0*. Paris: OECD Publishing. https://www.oecd-nea.org/fepdb.

Nowak, T. und Maßmann, J. (2013). *Endlagerstandortmodell Nord – Teil III: Auswahl von Gesteins- und Fluideigenschaften für numerische Modellberechnungen im Rahmen des Langzeitsicherheitsnachweises am Endlagermodellstandort Nord*. Hannover: Projekt ANSICHT. BGR, Zwischenbericht.

OECD. (2022). *Clay Club Catalogue of Characteristics of Argillaceous Rocks: 2022 Update*. NEA No. 7249. Nuclear Energy Agency – Organisation for economic Co-Operation and Development.

Pearson, F.J., Arcos, D., Bath, A., et al. (2003). *Geochemistry of Water in the Opalinus Clay Formation at the Mont Terri Rock Laboratory*. Federal Office for Water and Geology, Bern (2003) Series No. 5.

Peiffer, F., McStocker, B., Gründler D. et al. (2011). *Abfallspezifikation und Mengengerüst. Basis Ausstieg aus der Kernenergienutzung (Juli 2011): Bericht zum Arbeitspaket 3, Vorläufige Sicherheitsanalyse für den Standort Gorleben*. GRS-278, Köln: (Gesellschaft für Anlagen- und Reaktorsicherheit [GRS] gGmbH).

Pöhler, M., Amelung, P., Bollingerfehr W. et al. (2010). *Referenzkonzept für ein Endlager für radioaktive Abfälle in Tongestein – ERATO*. TEC-28-2008-AB, 320, Peine: Abschlussbericht, DBE TECHNOLOGY GmbH (DBETEC).

Popp, T., Kern, H. und Schulze, O. (2001). The evolution of dilatancy and permeability in rock salt during hydrostatic compaction and triaxial deformation. *Journal of Geophysical Research: Solid Earth* 106 (B3): 4061–4078.

Popp, T., Wiedemann, M., Kansy A. et al. (2007a). Gas transport in dry rock salt – implications from laboratory investigations and field studies. In: *The Mechanical Behavior of Salt – Understanding of THMC Processes in Salt* (Hrsg. M. Wallner, K.-H. Lux, W. Minkley und H.R. Hardy, Jr.), 17–26. London, UK: Taylor & Francis Group.

Popp, T., Wiedemann, M., Böhnel, H. et al. (2007b). *Untersuchungen zur Barriereintegrität im Hinblick auf das Ein-Endlager Konzept.* Abschlussbericht des Vorhabens SR 2470, Leipzig: Institut für Gebirgsmechanik (IFG) GmbH, 17.09.2007, 255.

Rawling, G., Baud, P. und Wong, T. (2002). Dilatancy, brittle strength and anisotropy of foliated rocks: experimental deformation and micromechanical modeling. *Journal of Geophysical Research: Solid Earth* 107 (B10) 2234, doi:10.1029/2001JB000472.

Reinhold, K., Jahn, S., Kühnlenz T. et al. (2013): *Endlagerstandortmodell Nord – Teil I: Beschreibung des geologischen Endlagerstandortmodells. Projekt ANSICHT.* Hannover: Technischer Bericht, BGR.

Reinhold, K., Stark, L., Kühnlenz T. et al. (2016). *Endlagerstandortmodell SÜD (AnSichT) – Teil I: Beschreibung des geologischen Endlagerstandortmodells.* Hannover: Technischer Bericht, BGR.

Richards, L.A. (1931). Capillary Conduction of Liquids through Porous Mediums. *Physics* 1(5): 318–333. DOI:10.1063/1.1745010.

Rothfuchs, T. (1986). *Untersuchung der thermisch induzierten Wasserfreisetzung aus polyhalitischem Steinsalz unter in situ Bedingungen, Temperaturversuch 5 im Salzbergwerk Asse.* Kommission der Europäischen Gemeinschaften (KEG), Kernforschung und -technologie, EUR 10392 DE, 85.

Schulze, O. und Plischke, I. (2010). *Ergänzende Arbeiten der BGR zu Gutachten im Planfeststellungsverfahren: Homogenbereichskartierung zum Kriechen von Steinsalz – Verfahren und Ergebnisse.* Hannover: Sachstandsbericht, Bundesanstalt für Geowissenschaften und Rohstoffe (BGR).

Schumacher, S. und Gräsle, W. (2025). Crack damage stress in fully saturated rocks: a new detection procedure. *Geosci. Instrum. Method. Data Syst.* 14: 13–27, https://doi.org/10.5194/gi-14-13-2025.

Stahlmann, J., Mintzlaff, V. und Leon-Vargas R. (2015). *ENTRIA-Arbeitsbericht-03. Generische Tiefenlagermodelle mit Option zur Rückholung der radioaktiven Reststoffe: Geologische und Geotechnische Aspekte für die Auslegung.* Braunschweig.

Thiedau, J., Maßmann, J., Guevara Morel C. et al. (2021). *Analysen zur Integrität von geologischen Barrieren von Endlagersystemen im Kristallin.* Hannover: Projekt CHRISTA-II. BGR, Ergebnisbericht, B3.5/B50112-52/2021-0003/001.

Tsang, C.-F., Bernier, F. und Davies, C. (2005). Geohydromechanical processes in the Excavation Damaged Zone in crystalline rock, rock salt, and indurated and plastic clays–in the context of radioactive waste disposal. *Int J Rock Mech Min Sci.* 42 (1): 109–125.

Völkner , E., Kühnlenz, T., Hammer, J. et al. (2017). *Entwicklung generischer geologischer Modelle furflach lagernde Salzformationen - Ergebnisse aus dem Vorhaben KOSINA.* Hannover: Bundesanstalt fur Geowissenschaften und Rohstoffe (BGR).

Wang, H.F., Bonner, B.P., Carlson, S.R. et al. (1989). Thermal Stress Cracking in Granite. *J. Geo. Res.* 94 (B2): 1745–1758.

Weidinger, P. (1998). *Verformungsverhalten natürlicher Steinsalze: Experimentelle Ermittlung und mikrostrukturell begründete Modellierung.* Dissertation D29, Universität Erlangen-Nürnberg. Aachen: Shaker Verlag.

Wild, K. und Amann, F. (2018). Experimental study of the hydro-mechanical response of Opalinus Clay – Part 1: Pore pressure response and effective geomechanical properties under consideration of confinement and anisotropy. *Engineering Geology* 237: 32–41.

Wolf, J., Behlau, J., Beuth T. et al. (2012). *FEP-Katalog für die VSG. Dokumentation. Bericht zum Arbeitspaket 7 [FEP catalogue for the Preliminary Safety Assessment of the Gorleben Site. Documentation. Report for the work package 7]. Vorläufige Sicherheitsanalyse für den Standort Gorleben.* GRS-283, Köln: (Gesellschaft für Anlagen- und Reaktorsicherheit [GRS] gGmbH).

Zhang, C.-L. (2017). *Sealing Performance of Fractured Claystone and Clay-Based Materials.* GRS-451, Köln: (Gesellschaft für Anlagen- und Reaktorsicherheit [GRS] gGmbH).

Ziefle, G., Matray, J.-M., Maßmann, J. et al. (2017). Coupled hydraulic-mechanical simulation of seasonally induced processes in the Mont Terri rock laboratory (Switzerland). *Swiss J Geosci* 110 (1): 195–212. https://doi.org/10.1007/s00015-016-0252-1.

Normen

DIN EN ISO 14689-1:2011-06: Geotechnische Erkundung und Untersuchung – Benennung, Beschreibung und Klassifizierung von Fels – Teil 1: Benennung und Beschreibung (ISO 14689-1:2003); Deutsche Fassung EN ISO 14689-1:2003.

Gesetze und Richtlinien

Atomgesetz in der Fassung der Bekanntmachung vom 15. Juli 1985 (BGBl. I S. 1565), das zuletzt durch Artikel 1 des Gesetzes vom 10. August 2021 (BGBl. I S. 3530) geändert worden ist.

BMU (2010): Bundesministerium für Umwelt, Naturschutz und Reaktorsicherheit: Sicherheitsanforderungen an die Endlagerung wärmeentwickelnder radioaktiver Abfälle. K-MAT 10. 30.09.2010.

EndlSiAnfV: Endlagersicherheitsanforderungsverordnung vom 6. Oktober 2020 (BGBl. I S. 2094).

DepV: Verordnung über Deponien und Langzeitlager (Deponieverordnung – DepV) v. 27.04.2009, BGBl. I S. 900, zuletzt geändert durch Verordnung v. 27.09.2017, BGBl. I S. 3465.

StandAG: Standortauswahlgesetz vom 5. Mai 2017 (BGBl. I S. 1074), das zuletzt durch Artikel 1 des Gesetzes vom 7. Dezember 2020 (BGBl. I S. 2760) geändert worden ist.

VersV: Verordnung über den Versatz von Abfällen unter Tage (Versatzverordnung – VersatzV) v. 24.07.2002, BGBl. I S. 2833, zuletzt geändert durch Gesetz v. 24.02.2012, BGBl. I S. 212.

Abkürzungen

AkEnd	Arbeitskreis Auswahlverfahren Endlagerstandorte
ALZ (EDZ)	Auflockerungszone (synonym EDZ: excavation damage zone)
BASE	Bundesamt für die Sicherheit der nuklearen Entsorgung
BFE	Bundesamt für Energie, Schweiz
BGE	Bundesgesellschaft für Endlagerung
BGR	Bundesanstalt für Geowissenschaften und Rohstoffe, Hannover
BMU	Bundesministerium für Umwelt, Naturschutz, nukleare Sicherheit und Verbraucherschutz
BMWi / BMWK	Bundesministerium für Wirtschaft und Klimaschutz
DepV	Deponieverordnung
EndlSiAnfV	Endlagersicherheitsanforderungsverordnung
ewG	einschlusswirksamer Gebirgsbereich
FuE	Forschung und Entwicklung
GRS	Gesellschaft für Anlagen- und Reaktorsicherheit gGmbH, Köln / Braunschweig
StandAG	Standortauswahlgesetz
THM	thermisch, hydraulisch und mechanisch
VersatzV	Versatzverordnung

Abkürzungen Forschungsvorhaben

ANSICHT	Methodik und Anwendungsbezug eines Sicherheits- und Nachweiskonzeptes für ein HAW-Endlager im Tongestein – FKZ 02E11061A-C, Laufzeit: 2012–2017
CHRISTA	Machbarkeitsuntersuchung zur Entwicklung einer Sicherheits- und Nachweismethodik für ein Endlager für Wärme entwickelnde radioaktive Abfälle im Kristallingestein in Deutschland – FKZ 02E11375A, B, Laufzeit: 2015–2016
CHRISTA-II	Methodisches Vorgehen zur sicherheitlichen Bewertung von Endlagersystemen im Kristallin in Deutschland – FKZ 02E11617A, B, Laufzeit: 2017–2021
DECOVALEX	DEvelopment of COupled models and their VALidation against EXperiments: internationale Forschungs- und Modellvergleichskooperation, die 1992 initiiert wurde, um das Verständnis und die Modellierung gekoppelter thermo-hydro-mechanisch-chemischer (THMC) Prozesse in geologischen Systemen voranzutreiben: https://decovalex.org
ENTRIA	Entsorgungsoptionen für radioaktive Reststoffe: Interdisziplinäre Analysen und Entwicklung von Bewertungsgrundlagen – FKZ 02S9082A bis E und 15S9082A bis E, Laufzeit: 2013–2018
ERATO	Referenzkonzept für ein Endlager für radioaktive Abfälle in Tongestein – FKZ 02E10055 / 02E10065, Laufzeit: 2008–2010
ISIBEL	Überprüfung und Bewertung des Instrumentariums für eine sicherheitliche Bewertung von Endlagern für HAW – FKZ 02E11375A, B, Laufzeit: 2005–2007
KOSINA	Konzeptentwicklung für ein generisches Endlager für wärmeentwickelnde Abfälle in flach lagernden Salzschichten in Deutschland sowie Entwicklung und Überprüfung eines Sicherheits- und Nachweiskonzeptes – FKZ 02E11405A-E, Laufzeit: 2015–2018
RESUS	Wissenschaftliche Methodik für einen Standortvergleich bei der Endlagersuche – BGE-Bestell-Nr. 45183385, Laufzeit: 2018–2020
VSG	Vorläufige Sicherheitsanalyse Gorleben – FuE-Vorhaben UM10A03200, Laufzeit: 2011–2013